自煮·簡蔬食

研出版

繼上一本《我行我素》後，朋友和網友的意見和反應都令我非常振奮！最開心莫過於大家都興致盎然地説要跟我學 。

這幾年的綠色飲食風氣，對於吃葷的大眾，曾令大家想了解？嘗試？接受？決志加入蔬食行列？或對新派素食改觀嗎？這兩年間自己粗略數算一下，做了幾百個食譜，涵蓋中西日韓東南亞，小吃輕食、飯餐意粉、蛋糕麵包、湯水飲品甜品等，因為太喜歡嘗試與創造，愛吃又愛拍照記錄，由興趣開始不知不覺間造就了副事業。

我不諱言我的兩本著作陪我經歷了「一些事情」，做食譜、寫書、寫專欄等成了我某個寄托，我要求自己要更美更好，而蔬食對於「變靚啲」有莫大裨益，外貌看來比真實年齡年輕，皮膚和脾氣變好，下廚亦成了興趣，我甚至認為一人餐也應善待自己，所以我漸著手於簡單快捷、懶人速成的便餐，不但煮得輕鬆，更重要是入廚新手也能跟我的食譜同樣做得到，那樣讀者的快樂也成就了我的快樂。

真心真意的，多謝您們！

CONTENTS

何謂低碳飲食？

面對全球糧食不足及環境資源緊拙，本來可以直接用作糧食的穀物，如果大量作為禽畜飼料，難免會造成浪費。

以蔬食為主的飲食習慣，不但能令自己的消化系統減壓，亦有效確保世界有更足夠的穀糧。例如，一公頃的農地用作種植粟米，可養活約 17 個人，若以同一土地面積種植穀物來飼養牛隻，再供應人類，只可養活 1 人。

而畜牧業產生的溫室氣體佔全球總額約 10%，當中 25% 為沼氣，是造成全球暖化的主要原因之一。

要真正做到低碳減廢或許説易行難，不妨從低碳飲食入手，由少肉多菜的飲食習慣做起，毋須大費周章改變日常生活，也可為地球出一分力，亦有益健康。

資料來源：低碳生活館

踏上蔬食第一步

每個人奉行蔬食素食各有自己原因及步伐，例如我先戒牛、豬、羊，再到雞、魚，花了約 9 個月時間，由多菜少肉開始，逐漸成為蛋奶素食者。

如果怕孤單，鼓勵你多結交志同道合的朋友聽取心得，保持心情開朗。還有蔬食不是靈丹妙藥，好處非立竿見影，受其他環境及情緒因素等影響，要配合健康的生活習慣，讓身體慢慢適應改變，就可以有恒心地及開心地開始蔬食或茹素。

踏上蔬食第一步， 建議一星期中挑選一天奉行蔬食，外出吃飯嘗試點選無肉餐單，到有較多蔬食菜式供應的食肆，但謹記避免高油、高糖和高鈉的菜式。

嘗試先戒掉豬、牛、羊肉，再逐步戒掉雞鴨及海鮮；再進階版，嘗試用一個星期完全戒掉肉類，容許自己吃蛋奶，前 3 天可能不習慣，會感覺無力氣不夠精神，但如果能堅持到第 6、7 天，生理同心理會開始習慣。

另外，要抵受肉類的誘惑，盡量令自己吃飽，選擇高纖飽肚的蔬菜水果或做飯時用白米混合糙米等，餐與餐之間吃些果仁、燕麥餅或黑巧克力做小食，少食多餐，減緩飢餓感。

不吃肉類會否缺乏營養？

蛋白質

大眾關注蔬食或素食不比肉類營養全面，植物性蛋白不及動物性蛋白好？其實適當的配合，例如全穀、豆類及果仁等植物性蛋白也包含了所有人體的氨基酸，透過「蛋白質互補作用」為身體提供完整蛋白，例如穀類配豆類，豆類配果仁，全日任配，建議揀非基因改造的黃豆和注意食用份量不宜過多，避免影響健康。

鐵質

高鐵質的食物，包括紅菜頭、莧菜、芝麻、紅豆和葡萄乾等，鼓勵與高維他命C的食物同時進食，增加鐵質的吸收率，例如吃沙律時加添檸檬汁調味。另外，避免用餐前後飲咖啡因含量高的飲品，如茶、咖啡和朱古力等。

鈣質

高鈣質的食物，包括深綠色蔬菜、芝麻、秋葵、海帶和豆製品等，值得一提是黃豆本來屬於高鈣的食材，而分離了豆渣的豆漿只含很少鈣質，用石膏來凝固的豆腐就有較高的鈣質。另外，把營養豐富的種子撒在沙律或料理上也可以輕鬆補鈣。

我的蔬食生活

如果說以素食來纖形瘦身，外界觀念似乎流於靠蔬菜，彷彿除了沙律菜之外別無選擇。多菜多纖維固然重要，不過飽肚也重要，其實不吃肉也可從豆類、水果、五穀雜糧等吸收營養，另外亦要吃得飽才能維持良好的代謝，有效於瘦身。

我的瘦身故事早於 2012-13 年，我是1.6米以下的女生，當時接近 126 磅，有一圈大水泡纏腰，眼見身邊的朋友，甚或孕婦也比我苗條，所以我下定決心減肥，改變飲食習慣，少食肉類多食蔬果及五穀，並慢慢地逐步戒掉紅肉後再戒掉白肉，3 個月甩 26 磅肥肉，現在限自己維持 105 磅左右。

我的蔬食生活，一早起床先喝 2 杯清水，然後一日大致吃 4 餐。

早餐	水果 2-3 份、全麥麵包 2 塊、1 杯黑咖啡。
午餐或晚餐	五穀澱粉類或蛋白類 1 份（30%）、蔬果 2-3 份（70%），盡量維持 3:7 比例
下午茶	全麥餅乾 4 塊（約 160 大卡）或果仁 25 粒

每天喝夠 6-8 杯水，清除體內毒素及加速代謝，戒掉罐頭加工食物及零食，減低甜品和糖水，持之以恒能有效於瘦身。

處理蔬菜小技巧

1 盡量不要削皮

蔬菜的表皮其實含有豐富膳食纖維、維生素、葉綠素、礦物質和抗氧化物，用水沖洗，用力搓洗或刷洗瓜果表面，用清水浸泡後才烹調可有效去掉殘留農藥。

2 先洗後切

先仔細清洗蔬菜，盡量將水分瀝乾後再切，因為將菜切好再洗，會令菜入面的水溶性維他命和部分礦物質流失，亦有機會殘留農藥或泥土。

3 勿切得太細

蔬菜切得愈細，表面接觸到空氣和熱鍋的面積就會愈大，營養損失會增多，營養也會隨蔬菜汁液流失，盡量切大塊之外，最好即切即煮。

4 縮短灼菜時間

盡量放多點水，調到最大火力灼菜，見蔬菜的顏色稍有變化就可撈出，在水中加幾滴油也可封住菜的斷面，留住營養。

5 避免過多油份

最好採用白灼、清炒、涼拌和清蒸等烹調方式處理蔬菜，走油的烹調方法會破壞蔬菜營養，還會攝取過多油份。

6 控制油溫

炒菜時油溫太高，有機會破壞蔬菜的營養，但火力太小，炒菜時間變長，亦會令營養隨汁液流走，建議在油冒煙前下鍋，再用大火快炒的方式縮短加熱時間。

7 勿過早放鹽

太早放鹽會令蔬菜流出過多汁液，造成營養流失及影響口感，建議將菜煮至 8 成熟，或上碟前才放鹽。

素食光譜

四大類別亦是最多人認識的素食者，分別是純素、蛋素、奶素和蛋奶素。

• 純素　Vegan	俗稱「吃全素」，所有肉食和有關動物的副產品都不吃，是非常嚴格的素食習慣。
• 蛋素　Ovo-vegetarian	會吃蛋類產品，而不吃乳製品。
• 奶素　Lacto-vegetarian	吃乳製品而不吃蛋類產品。
• 蛋奶素 Lacto-ovo vegertarian	同時吃蛋類及乳製品，在 4 個類別當中所佔的人數比例最多。

另外，進階版有：

• 生機素食 Raw foodism
簡稱「吃生、食 raw」，主張吃不經烹調的蔬果、果仁及攝氏 47 度以下煮過的食物，奉行吃生的原因，多數認為植物的天然酵素於攝氏 47 度以上會被破壞，因此主張吃蔬果的全營養和有益的酵素。不過吃生並沒有規定要執行百分百的生機素食，鼓勵慢慢增加生食蔬果的比例，亦有提倡只要平常飲食包含 75% 的生食蔬果亦算是生機飲食。

• 果食主義 Fruitarianism
主張植物生命同樣不可踐踏，因此只吃植物自然掉落的果實和種子。

• 五辛素 Buddhist vegetarianism
亦叫「齋食」，於華人社會居多，他們不單吃純素，也因為宗教原因，不吃五辛。五辛即「五葷」，包括蔥、洋蔥、韭菜、大蒜和蕎頭。

慢慢進入素食者行列（非素食者）的階梯分類有：

• **半／ 彈性素食** Semi-vegetarianism／ flexitarian
多吃豆類和蔬菜而較少吃肉。

• **魚素食** Pescatarian
不進食紅肉和家禽，只吃海產類及豆類和蔬菜。

• **禽素食** Pollotarian
不吃紅肉及海產類，但會進食家禽類 。

雖然有各式其式的素食者類別，大前提是不吃肉類（meatless），普稱為吃素，每人的飲食習慣各有不同，重點希望彼此理解和尊重，讓素食有機會更趨普及。

植物為本助凍齡

想凍齡，時刻保持美肌青春不老？美麗源於以植物為本的飲食習慣。

1. 地上最強的「凍齡」食物——莓類，其抗氧化物含量是眾多水果之中最高。
2. 豐富維他命C的水果，有助身體自己製造骨膠原。
3. 番薯對皮膚抗老化非常有幫助。
4. 羽衣甘藍有豐富維他命E，可以減少肌膚曬傷和發炎，皮膚自然更白更滑。
5. 椰菜花含有的蘿蔔硫素，能夠幫助肝臟排毒，看起來更容光煥發。
6. 燕麥的脂肪酸能夠減少皮膚發炎，以及保持皮膚的水分。
7. 全穀類的表層纖維能暢通腸道。
8. 合桃的 omega-3 脂肪酸、維他命E及亞油酸，有助防止太陽的損傷及乾紋。
9. 煮熟的蕃茄可以幫助身體抵擋紫外線，防止皺紋形成，蕃茄加熱後，其抗氧化功能還倍增。
10. 綠茶除了可以減肥，亦有豐富的兒茶素，能阻擋紫外線、減少皮膚發炎和修復受損DNA。多喝水亦能夠讓皮膚滑嫩及健康。

中醫看蔬食／茹素

中醫的第一經典《黃帝內經》中的《素問．藏氣時法論》曾道：「五穀為養，五果為助，五畜為益，五菜為充。」這四大類食物各有層次，穀類是基本要多吃，水果為輔助，肉類為補益，蔬菜為足，可見肉類只為營養補給品，不是必須的。

此外，不少人覺得以植物為本的飲食會令體質寒涼濕重，然而，從中醫看素食其實不然，「吃得多」某種屬性的食物之後，身體不一定變得寒涼。先天體質、情志因素、生活習慣、生活環境及四時氣候也對體質有影響，不能單單歸究食物。

身體愈健康，愈能抵受寒熱食物，而且身體可以自行調節。

在烹調菜餚時，適量搭配蔥、薑、蒜等性溫熱的辛香料，可平衡某些蔬菜的寒涼性，如不吃蔥蒜，則可選擇薑或適量麻油來溫補。

蔬食不離地

我們常常認為素食或有機食材在較貴價的店舖才找到，不過我自己的食材多數在超級市場或街市買到，大前提是要經濟實惠。

在物價高昂的時代，用「食平啲啲」的食材，利用想像與創意做有心思的蔬食料理其實沒想像中困難，輕鬆調味用鹽、糖和胡椒粉，特別的醬料才會到素食超市掃貨，醬料可以分開幾次使用，素食代替品例如素肉不會常常買，最緊要著重新鮮蔬果和優質豆類蛋白等，就可以輕鬆「貼地」享受蔬食樂趣。

其次，可以去專賣素食產品的店舖找特色的乾、濕素食品，乾貨例如素醬料、調味料、藜麥、奇亞籽、椰子油、龍舌蘭糖漿及黑麥芽汁等，其他有果仁、五穀類、風乾蔬果零食，而濕貨多數指冷藏的素肉食品，有機蔬果、農場直送的雞蛋牛奶等。

植物牛肉
Beyond Beef Crumble

非基因改造食物，主要由水及豌豆蛋白等製成，含蔥蒜，質感與味道出眾，需要冰格冷藏存放。

植物雞肉
Beyond Chicken

非基因改造食物，主要由水、大豆及豌豆蛋白等製成，可用手撕開或刀背拍鬆處理，需要冰格冷藏存放。

素魚柳
Fishless Filets

非基因改造食物，主要由水、大豆、豌豆、植物類澱粉及胡蘿蔔纖維等製成，含蔥蒜，適合焗或炸脆，需要冰格冷藏存放。

素漿

素肉產品之一，由大豆製成，需要冷藏存放，素漿本身有調味料，可以直接下料理使用，無論各式烹調皆可。

素腰花

用蒟蒻製成，質感爽彈，需要下調味料增加味道，可以炒、滷、烤、做涼菜或放湯，需要冷藏存放。

楓糖漿

擁有楓樹香味，是純天然的甜味劑，甜度及獨特的味道可以配搭各式菜餚，是精製糖和人工甜味劑的健康替代品。楓糖漿含礦物質如鎂、鉀、鋅、鈣以及維生素 B，可增強免疫力及提升新陳代謝。

吉列素豬扒

以大蛋白及樹薯澱粉製成，外皮香脆，解凍後可以煎炸或烤焗。

桃膠

為桃樹分泌出來的樹脂，呈琥珀色，煮食前先用水浸泡 12 小時，換水除去雜質，桃膠遇水後會膨脹，本身無味，需要下調味料處理。

雪蓮子

皂角仁的果子，色澤潔白，除了放在粥裡，還可以清燉、做湯，或用保溫壺泡飲， 煮食前先用水浸發，遇水後會膨脹變臉，本身無味，需要下調味料處理。

初榨椰子油
Coconut Oil

萃取自椰子果肉，溫暖時椰子油會轉成液態，寒冷時會轉成固體，這是正常現象，除了日常烹調煮食亦可當成美容產品。

椰棗
Dates

椰棗是棗椰樹的果實，成分是單純的果糖，易於消化，可以當成零食，也可以用攪拌機打成泥狀作黏合食材的橋樑。

椰糖
Coconut sugar

由椰子花汁液萃取出來的糖份，椰糖不像精緻白糖被過度加工，幾乎沒有添加任何化學成分，可以完整保留礦物質的營養。

龍舌蘭糖漿
Agave Necter

由植物龍舌蘭的汁液提煉而成，一般而言，顏色愈深，所含的果糖成分愈高，與楓糖漿及蜜糖一樣用途。

藜麥
Quinoa

備受推崇的超級食物，有豐富的蛋白質，藜麥的煮食方式像小米一樣，要煮熟才可以進食，用大概1:1.2(藜麥：水)的比例在滾水中煮沸約十分鐘，藜麥便會膨脹，藜麥有三色，黑、紅色較煙韌，白色質地比較軟腍。

燕麥
Oats

富含膳食纖維，能促進腸胃蠕動，利於排便，熱量低，做早餐，燕麥條或加進曲奇做成食材，增加口感。

亞麻籽粉
Flaxseed Powder

亞麻的種子，有堅果風味，麵包師常用亞麻籽做餅乾、蛋糕和麵包等，含有豐富的纖維和Omega-3脂肪酸。

奇亞籽
Chia Seed

西班牙鼠尾草的種籽，超級食物之一，吸水後會膨脹，高纖維熱量低，可以加進牛奶、奶昔、乳酪、果汁或做成奇亞籽布丁。

寒天粉
Agar

又稱為瓊脂粉，具有凝固性及穩定性，寒天粉不溶於糖溶液中，所以先下寒天粉於熱水中再下糖方可令成品凝固，寒天粉應存放在乾燥的地方。

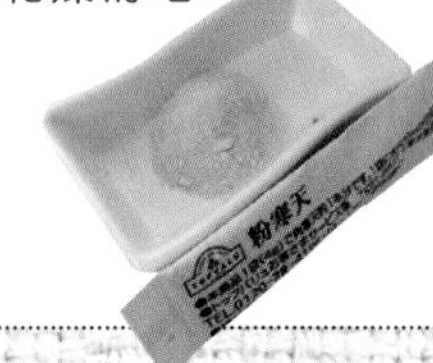

素芝士
Vegan Cheese

非基因改造食物，無麩質、非乳製品，主要由水、豌豆蛋白及植物類澱粉等製成，用於烘烤食物，焗飯和焗意粉等。

素芝士忌廉
Vegan Cream Cheese

非基因改造食物，無麩質、非乳製品，主要由水、大豆蛋白及豆腐等製成，用於甜品、塗麵包或於醬汁使用。

杏仁粉
Almond Powder

杏仁的加工產品，與杏仁露一樣，可放在牛奶或豆漿裡，或者用於蛋糕麵包烘培上，杏仁有養顏的美白功效。

素燒烤醬

以豆瓣醬和醬油而成，當炒醬、沾醬及醃料，質感濃郁，令燒烤食物更香濃，顏色亦好看。

素他他醬
Vegan Tartar Sauce

非基因改造食物，無麩質、非乳製品，含蔥蒜，主要由水、豌豆蛋白、醋及檸檬汁等製成，作沙律醬使用。

黑松露醬
Black Truffle Paste

黑松露醬開封後，要放入雪櫃雪藏，一般建議開封後 7-10 日內食用完畢，想延長保質期，取松露醬時用清潔乾爽的匙羹，及取足夠份量後蓋緊瓶身，立即放回雪櫃。

燕麥奶
Oat Milk

植物奶類的一種，與豆奶相似，可以代替牛奶，做蛋糕麵包或白汁等醬汁。

椰子氨基燒烤汁
Coconut Amino
Barbecue Sauce

紅燒醬汁
Coconut Amino
Teriyaki Sauce

含氨基酸，維生素，不含麩質及大豆，用作炒醬、沾醬及醃料。

湯水

女生多喝湯水可保持肌膚水潤，連湯渣喝更飽肚又能吸取各種營養。媽媽會煲老火湯，但後生女貪快又怕悶，學煮簡易的中西或泰式靚湯，滿足愛自家湯水的妳。

雙生花蘑菇忌廉湯 (純素)

「思念是一種很玄的東西。」 你在思念某人某事某地嗎？時間久了，思念被淡忘？還是如影隨形？我相信食物能傳遞感情，煮一碗暖湯，讓愛連繫彼此，質樸無華不浮誇，延續一份情。

材料與份量

約1-2人

西蘭花...........................1/2 個
椰菜花...........................1/2 個
蘑菇 .... 4-5 顆
植物奶類 ....200 毫升
鹽 .... 1/2 茶匙
黑胡椒粉 .... 1/4 茶匙
橄欖油..........................1 茶匙

做法

1. 煲滾水先灼熟西蘭花及椰菜花，撈起瀝乾水份後切細。
2. 蘑菇切片，熱鍋下菜油炒香蘑菇備用。
3. 西蘭花、椰菜花及植物奶類放進攪拌機，加入部份蘑菇攪拌成湯。
4. 將菜湯倒入熱鍋，加入剩餘的蘑菇、鹽及黑胡椒粉拌勻煮滾，上碟後加橄欖油即可。

杏汁桃膠雪蓮子湯 (純素)

用杏汁煮湯，材料有養顏的桃膠（桃脂）和雪蓮子。杏仁可以美白皮膚，令頭髮帶有光澤，愛美的女士絕不能錯過。利用食療美顏養生，比大花金錢買護膚品更好，當然，想時刻容光煥發，保持心態年輕也是重要。

材料與份量

2人

桃膠（乾）.....................60 克
雪蓮子（乾）.................50 克
紅棗 ....4 粒
圓肉 ....20 克
杞子 ....10 克
鮮馬蹄............................10 粒
即用杏仁粉...................6 湯匙
水份 ....約 500 毫升
鹽..........................約 1/2 茶匙

做法

1. 桃膠及雪蓮子用冷水浸發備用。
2. 浸發後的桃膠倒入筲箕中用清水洗並輕輕攪拌去除污點。
3. 水份倒入鍋中，加入即用杏仁粉拌勻，慢火煮滾。
4. 加入其他材料，以最慢火煲 25 分鐘後加鹽調味即可。

如果做糖水，用糖代替鹽，份量按個人嗜甜喜好調整。

香草蘑菇南瓜湯 (純素)

天氣寒冷的冬天，坐冷氣房的夏天，手腳容易冰冷，煮一杯濃郁的熱湯，捧在手心好溫暖。亂亂做也美味的南瓜湯，容易又簡單，能與至愛分享定會加倍開心，而獨個兒也能自給自暖，愛自己，活好當下也不會怕冷。

材料與份量

約1-2人

日本南瓜 .... 約 1/2 個
白蘑菇 .... 10 顆
植物奶類 .... 240 毫升
水份 .... 80 毫升
鹽 .... 1/2 茶匙
黑胡椒粉 .... 1/4 茶匙
香草碎 .... 1/2 茶匙
橄欖油 .... 1 茶匙

做法

1. 隔水大火蒸熟南瓜，取南瓜肉備用。
2. 南瓜肉放入攪拌機。
3. 拌勻植物奶類及水份加入南瓜肉，開動攪拌機打成湯備用。
4. 熱鍋炒香白蘑菇。
5. 倒入南瓜湯，煮滾，加鹽、黑胡椒粉及香草碎調味。
6. 熄火，拌勻橄欖油即可。

奶素及蛋奶素的朋友，可用淡忌廉代替植物奶類，亦可加入牛油增強幼滑感。

湯水

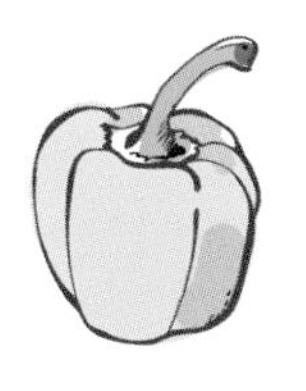

素腰花胡椒湯 (純素)

女生們常常會遇上手腳冰冷，適宜多喝暖身的湯水調理身體，因此滋補功效強的胡椒湯，特別適合在冬天時享用，白胡椒的辛溫令身心倍添溫暖，百頁豆腐能夠吸收胡椒湯的精華，彈牙的素腰花提升素湯的層次，而蔬菜配料能夠多添膳食纖維，一湯四得。

材料與份量

2-4人

素腰花..................... 約 150 克
百頁豆腐......................100 克
白菜........................ 約 250 克
紅蘿蔔..............................1 條
粟米................................1 條
薑片................................2 片
白胡椒............................20 克
鹽..................................15 克
水...........................2000 毫升

做法

1. 素腰花及百頁豆腐解凍備用。
2. 熱鍋加薑片，先用菜油炒香白菜。
3. 煲滾水下鹽、白胡椒、薑、白菜、紅蘿蔔及粟米待滾。
4. 再下素腰花及百頁豆腐，中大火煲湯約 20 分鐘即可。

泰式椰汁雞湯（五辛素）

冬蔭公湯包除了煮冬蔭公湯外，亦可以煮正宗的泰式椰汁雞湯，清新芳香的南薑及檸檬葉，香濃細滑椰汁配合鮮嫩的雞肉，美味程度不下於冬蔭公湯，而且不愛辣的朋友亦有機會一嘗冬蔭公湯的神韻。素食版改用植物雞肉，質感不遜於真雞，泰素．泰出滋味。

材料與份量

1-2人

椰漿........................270 毫升
水............................200 毫升
植物雞肉......................100 克
秀珍菇............................70 克
車厘茄............................10 粒
冬蔭公湯包.......................1 包
泰式辣椒醬..................1 茶匙
蔬菜調味粉...............1/2 茶匙

做法

1. 預備冬蔭公湯包的香料，輕拍香茅根部後切段，乾蔥、南薑切片，小辣椒切粒。
2. 植物雞肉沖洗後備用。
3. 椰漿倒入湯鍋，加入水份拌勻，用中火煲至微滾。
4. 蔬菜調味粉及冬蔭公湯香料（除青檸外）加入湯內，邊攪拌邊煮至香料出味。
5. 加入植物雞肉、秀珍菇及車厘茄，用中火將材料煮熟。
6. 最後加入泰式辣椒醬及半個青檸汁拌勻後蓋起，改用慢火煮 3 分鐘後熄火即可。

冬蔭公湯包香料包括香茅、乾蔥、南薑、辣椒、檸檬葉及青檸。

人生六味──

鮮

唯有新鮮感是歷久彌新的妙藥，尤其愛情。舊的枯萎了，再滋長也不再是原來的模樣。

小菜

煮中菜似乎不太襯貪靚的妳，因為又爆又炒油煙多，煮完一餐都已經蓬頭垢面，下刪百個理由然後結論是「不如出街吃吧」！稍等……中菜有涼拌和小炒，保證不用下繁複的功夫，也能有菜館的水準，不油膩而且纖得起。

小菜

涼拌素魚香茄子 (純素)

四季皆宜的涼拌料理，清爽可口的味道為煩躁的心情添一筆酸辣的快慰，素食版的魚香茄子，魚香改用芹菜粒代替，芹菜吸收了醬汁變得香濃惹味，本來對芹菜負面的草青感漸漸改觀了，剩下就是味蕾的餘香。

材料與份量

1-2人

茄子 ....1 條

鹽 ....1 茶匙

白醋 ....1 湯匙

水 ....1 鍋

魚香醬汁

辣椒醬......................... 1 大匙

薑蓉 .... 1 茶匙

芹菜 ....1 條

醬油 ....1 茶匙

糖 ....1 茶匙

冷開水........................60 毫升

做法

1. 煲滾水加鹽及白醋。
2. 茄子洗乾淨後切開 4 段，放進滾水，用蒸架壓實茄子，令全部茄子淹浸水裡。
3. 茄子熟透後撈起榨乾水份，切成長條放進雪櫃。
4. 醬汁，薑刨成薑蓉，芹菜刨絲後切粒 。
5. 其餘醬汁材料拌勻後加薑蓉及芹菜，澆上茄子即可。

小菜

爽辣涼拌黑木耳 (五辛素)

黑色食物最令人印象深刻的代表是黑木耳，其豐富的鐵質是素人吸鐵的重要來源之一，清爽酸辣的涼拌黑木耳，絕對是快捷簡單的開胃前菜。

材料與份量

1-2人

鮮黑木耳......................1 飯碗

三色椒.............................適量

調味

素豆瓣醬 ....1 湯匙

糖 ....1 茶匙

鹽 ....1/4 茶匙

白醋 ....4-5 茶匙

醬油 ....1 茶匙

麻油 ....1-2 茶匙

辣椒油.............................少許

蒜蓉 ....1/2 茶匙

（不吃五辛可剔除）

做法

1. 鮮黑木耳剪去硬的部份後撕成小朵，放入滾水燙約 3 分鐘撈出，放入冰水浸泡 5 分鐘，令口感爽脆，瀝乾水份後放入碗中。
2. 調味料拌勻，倒入黑木耳中。
3. 三色椒切粒，加入黑木耳拌勻後放在冰箱冷藏即可。

小貼士

調味料份量可以按喜好調整。

香煎素鵝 (純素)

漢族傳統的素食前菜，款式五花八門。脆卜卜的腐皮捲起層次豐富的餡料，鮮香的芋頭，爽脆的蓮藕及顏色亮麗的甘筍，令整道素鵝更有特色。

材料與份量

3-4人

腐竹 ....1 大塊
芋頭肉..................... 約 300 克
甘筍 .... 1 條
蓮藕 ....1/2 條

調味

五香粉........................ 1/4 茶匙
糖.............................. 1/2 茶匙
鹽.............................. 1/4 茶匙
麻油 .... 1 茶匙
胡椒粉 .... 1/4 茶匙

做法

1. 浸泡乾腐竹至軟，備用。
2. 芋頭大火蒸熟，壓成蓉，加五香粉，糖、鹽及麻油調味，下鍋炒香。
3. 甘筍去皮刨絲，蓮藕切絲，下鍋，加入糖、鹽、胡椒粉及麻油炒熟備用。
4. 拿一塊腐竹，放上芋頭蓉、甘筍絲及蓮藕絲，捲起包好成長條形。
5. 煎香腐皮卷兩邊至金黃，待涼切件即成素鵝。

小菜

素石榴包（五辛素）

外型精巧別緻的素石榴包，包入鮮艷豐富的蔬菜餡料，既可做成中式點心，亦可以成宴客菜餚，保證令餐桌生色不少。素石榴包的「包裝紙」用了春卷皮製作，貪其飽肚感強烈，此外，也可用雞蛋皮或腐皮包裹。

材料與份量

約4個

春卷皮……5 塊
鮮馬蹄……10 粒
雪耳……1/2 個
鮮木耳……1 大塊
甘筍……1 條
粟米芯……2-3 條
鮮香菇……2 隻
菜譜……適量
豆乾……1 塊
鷹咀豆……1/2 罐
蔥（做蠅）……4 條

調味

糖……1 茶匙
鹽……1/4 茶匙
素蠔油……1 湯匙
水份……約 3 湯匙
粟粉水……2 湯匙

芡汁（按個人口味調整）

菇粉……約 4 茶匙
鹽……約 1/2 茶匙
糖……約 1 茶匙
粟粉……2 茶匙
水……約 200 毫升

做法

1. 將雪耳浸發，將甘筍去皮備用。
2. 將全部材料切粒。
3. 將鷹咀豆壓成豆蓉。
4. 熱鍋下菜油，放入材料用中大火爆炒，然後加入調味料，用大火炒勻待醬汁收乾，盛起材料後拌勻鷹咀豆蓉。
5. 將 1 塊大春卷皮剪成 4 小塊。
6. 將 1 塊小春卷皮放在大春卷皮的正中，上面放餡料後裹起，用灼過的蔥綁好。
7. 白鍋煎香素石榴包底部。
8. 將素石榴包放入蒸鍋，用大火蒸約 8 分鐘。
9. 芡汁拌勻後煮滾，淋上素石榴包即可。

- 若想減少油膩感又省時方便，春卷皮是上選。
- 因蒸熟的春卷皮底部容易爆開，所以要加厚素石榴包的底部製作。

小菜

蟲草花醬
煎釀豆腐卜（純素）

素漿是大豆產品，植物肉的其中一種。偶爾口饞，我懷念小時候媽媽的手工菜，所以翻煮久違的料理，別出心裁的釀豆腐卜，素漿飾演鯪魚肉，這個釀豆腐卜仿真度很高，外脆內軟，做法輕鬆容易上手。如果不下蟲草花醬，可以改用素上湯煮滾豆腐卜後撈起，然後上湯加薄生粉水勾芡，再將豆腐卜回鍋炒勻上碟。

材料與份量

8件

素漿 ....80 克

豆腐卜..............................8 隻

鮮冬菇.......................... 1-2 隻

鮮馬蹄..............................6 粒

調味

鹽 .... 1/4 茶匙

糖 .... 1 茶匙

粟粉 .... 1 茶匙

麻油 .... 1 茶匙

醬汁

蟲草花醬 .... 2 湯匙

水份 ....約 50 毫升

做法

1. 素漿解凍備用 。
2. 鮮冬菇及鮮馬蹄切粒，加入素漿及調味料拌勻後釀入豆腐卜。
3. 中火煎熟豆腐卜後盛起。
4. 水份加入蟲草花醬拌勻後煮滾，豆腐卜回鍋，跟醬汁炒勻後即可。

小菜

三杯猴頭菇 (純素)

耳熟能詳的三杯雞好下飯，三杯源自江西，相傳一名獄卒只使用了甜酒釀、豬油、醬油各一杯燉製雞塊給文天祥食用而得名。三杯後來演變為客家菜常見的料理手法，常見於江西、台灣及廣東。不過素食哪有三杯雞？我們用猴頭菇代替雞肉，油亮的猴頭菇加上九層塔的香氣撲鼻而來，與真雞肉相比不遑多讓。

材料與份量

1-2人

即用猴頭菇....................200 克

九層塔........................約 10 克

薑片................................幾塊

青紅辣椒.........................幾條

醬汁

糖.................................2 茶匙

醬油膏...........................2 湯匙

麻油..............................2 湯匙

水.......................80-100 毫升

做法

1. 薑切片，青紅辣椒切粒，九層塔切碎。
2. 熱鍋下菜油，中大火爆香薑片及辣椒粒。
3. 加入即用猴頭菇拌炒。
4. 醬汁材料拌勻並加入鍋中，蓋上鍋蓋燜煮猴頭菇至收汁。
5. 上碟前，加入九層塔拌勻即可。

乾煸四季豆 (純素)

四川菜的代表乾煸四季豆，傳統做法先將四季豆油炸後，再下乾鍋炒香是為乾煸。但現代人基於健康理由追隨少油的原則，所以有改良版用烤焗代替油炸然後爆炒，乾煸四季豆的味道爽辣開胃，下飯一流。

材料與份量

1-2人

四季豆.........................175 克
豆乾 ....50 克
榨菜 ....20 克
小辣椒.............................5 條
薑 ....2 片

調味

糖 ....1 茶匙
醬油 ....1 湯匙
麻油 ....2 茶匙
米酒 ....1 湯匙

做法

1. 焗爐預熱 180 度。
2. 四季豆先穿水撈起瀝乾， 放進焗爐 180 度烤焗 20 分鐘後備用。
3. 豆乾、榨菜及辣椒切粒。
4. 熱鍋下菜油大火爆炒薑片、榨菜及豆乾。
5. 轉中火，加入四季豆炒香，拌入調味及辣椒，熄火前饌入米酒及麻油即可。

小菜

京醬杏菇絲 (純素)

用蔬菜材料弄特色小菜別具風味，例如傳統的北京風味菜餚——京醬肉絲，本來以豬肉為主料，輔以黃醬或甜麵醬，用北方「醬爆」技法烹製而成。素食版可改成醬爆杏鮑菇絲，跟甜麵醬的味道也非常匹配。

材料與份量

1-2人

杏鮑菇..........................200 克

醃料

糖..............................1/2 茶匙
胡椒粉..............................少許
鹽..........................約 1/4 茶匙
粟粉..............................1 茶匙

醬汁

甜麵醬..........................2 茶匙
醬油膏..........................1 湯匙
糖..............................1 茶匙
粟粉水........................20 毫升（1 茶匙粟粉）
米酒..........................1/2 茶匙

做法

1. 杏鮑菇撕成絲，加醃料調味。
2. 熱鍋下菜油，加入杏鮑菇，加甜麵醬、醬油膏及糖拌炒。
3. 加粟粉水打芡，饌米酒熄火上碟即可。

除了下白飯或麵，也可以配搭刈包、叉子餅或荷葉餅享用。

韮菜芙蓉蛋 (五辛素)

餐館的芙蓉蛋飯是我的最愛，厚厚的芙蓉蛋蓋上白飯，淋醬油，簡單美味。不過，對蛋類敏感或吃全素的朋友，可用腐竹拌勻薑黃粉，再加入豐富的蔬菜摺疊腐竹煎香，跟芙蓉蛋的感覺有幾分相像啊！

材料與份量

1-2人

腐竹 ....1 包

韮菜 ....30 克

甘筍 ....1/2 條

榨菜 ....15 克

薑黃粉.........................1 茶匙

鹽..............................1/4 茶匙

粟粉 ....2 湯匙

做法

1. 韮菜切段，甘筍刨絲，榨菜切絲。
2. 腐竹浸泡至軟身，然後瀝乾水份備用。
3. 薑黃粉、鹽、粟粉加入腐皮中拌勻。
4. 熱鍋下菜油，倒入腐皮鋪平後用慢火煎。
5. 放上韮菜、甘筍絲及榨菜絲。
6. 腐皮煎至挺身後，覆轉另一面繼續煎香至兩面金黃即可。

- 沒有腐竹，也可以捏碎腐皮浸泡後使用。
- 可適量加入少許胡椒粉調味。

小菜

白玉釀珍球 (純素)

精緻小巧的中菜，配合靜謐禪意的環境進餐，出塵脱俗，豆腐或豆皮等食材，能軟能硬，咸甜皆宜，能耐高溫烤炸，也能文火清湯。這道白玉釀珍球是豆腐釀珍珠山根，能焗亦能蒸，雖然要花時間及耐性製作，不過絕不枉花功夫，因為滋味無窮。

材料與份量

3-4人

珍珠山根……12 個
豆腐……228 毫升
小蘆筍……10 克
甘筍……1/2 條
黑木耳……2 大塊
芫茜……15 克

調味

鹽……1/4 - 1/2 茶匙
糖……1/2 - 1 茶匙
粟粉……2 茶匙
胡椒粉……適量

醬汁

素燒烤醬……適量

做法

1. 將小蘆筍、甘筍、黑木耳及芫茜切粒。
2. 熱鍋下菜油炒香蔬菜配料，下鹽及糖調味。
3. 豆腐保持乾身，將豆腐壓爛後拌勻蔬菜配料、粟粉及胡椒粉備用。
4. 將珍珠山根汆水後瀝乾水份。
5. 剪開山根，釀入豆腐餡料。
6. 焗爐預熱 180 度後，將釀好的山根放入焗爐用 180 度烘烤 20 分鐘即可。
7. 配合素燒烤醬享用更惹味。

人生六味——

苦

苦澀是一種鼓舞。有些傷口，妳難以習慣它，只能學會接受，接受不會令傷勢減輕，但至少讓心靈健康。

主菜

主菜是餐桌的靈魂；飯盒的主角。餵飽肚子，有力工作，餵飽生活……雖不吃肉，但有米氣來供應及維持妳每天生活的能量。
講個秘密妳知丫，多吃五穀雜糧可增加膳食纖維促進腸蠕動，而含澱粉質的根莖類蔬菜，以冷水開始煮會更清甜。

素喇沙湯米線 (五辛素)

喇沙是星馬的特色美食，當地人喜歡用米粉、湯麵配味道微辛的香濃椰奶湯底。素食版的喇沙湯底雖然沒有海鮮的鮮味，但用野菌及海帶熬煮成素上湯，然後加入紅咖哩醬及椰奶，隔一天後的湯底更濃郁入味，令你品嚐時大呼過癮。

材料與份量

1-2人

湯底

紅咖哩醬（含五辛）......30 克
紅辣椒............................10 克
素上湯......................400 毫升
椰漿 ....100 毫升
鹽 / 香菇粉 ....1/2 - 1 茶匙

配料

芽菜 ....50 克
豆腐卜............................25 克
豆角 ....30 克
秋葵 ....30 克
粟米仔............................20 克
秀珍菇............................30 克
米線 ....1 個

做法

1. 熱鍋下菜油爆香紅咖哩醬。
2. 加紅辣椒及素上湯煮滾。
3. 加入椰漿煮滾。
4. 加入所有蔬菜配料及米線煮熟即可。

素上湯可以按個人喜好用野菌、海帶及水份熬煮約 1-1.5 小時，下鹽調味備用。

松露糯米飯黃金船 (純素)

寒冷的冬天，一家人在一起是一種幸福。
我家的餐桌習慣，在冬天時要吃暖呼呼的糯米飯，但糯米飯有臘味，要走肉頗麻煩。
所以我的素食版糯米飯絕對是「天堂」，雖然沒有臘肉的油香，但用黑松露代替，整道飯的味道和層次昇華不少，不但勾起了糯米飯的香氣，餘韻更在口腔中縈繞。宴客時將素糯米飯釀入日式油揚中，賣相精緻矜貴。

材料與份量

6件

糯米 .... 1 量米杯
水 ....約 160 毫升
甘筍 ....1/4 條
粟米芯.......................... 1-2 條
鮮香菇.......................... 1-2 隻
菜苗 ....適量
油揚 ....6 塊
黑松露........................... 1 茶匙
鹽 .... 1/4 茶匙
糖 .... 1 茶匙
醬油 .... 1.5 湯匙
老抽 .... 1.5 湯匙
胡椒粉....................... 1/4 茶匙

做法

1. 甘筍去皮切粒、粟米芯、鮮香菇及菜苗切粒。
2. 糯米大火蒸熟成飯後待涼。
3. 大火下菜油炒香菇粒、甘筍粒及粟米芯。
4. 加入糯米飯炒，轉中火，加些許水份炒開飯粒並與配料炒勻。
5. 下調味料炒勻等糯米飯上色。
6. 下菜苗及黑松露醬炒勻。
7. 將糯米飯釀入油揚，大火蒸熱 3-5 分鐘後即可。

照燒素魷魚筒釀糯米飯(純素)

刁鑽的功夫菜，糯米釀魷魚筒令人食指大動，改用素食版後的效果也令人驚喜。

除了用蒟蒻製成的素魷魚，也可發揮想像力用杏鮑菇扮成魷魚筒，這道用上全天然食材所炮製的料理，香軟的糯米，淳厚香濃的素燒烤汁滲透到杏鮑菇內，非常鮮味。

材料與份量

2人

大杏鮑菇..........................2 隻
素燒烤醬..................約 2 湯匙
糯米......................... 1 量米杯
水.........................約 160 毫升
甘筍..............................1/4 條
小蘆筍............................20 克
鮮香菇.......................... 1-2 隻

調味料

黑松露醬...................... 1 茶匙
鹽............................. 1/4 茶匙
糖.................................1 茶匙
醬油......................... 1.5 湯匙
老抽......................... 1.5 湯匙
胡椒粉...................... 1/4 茶匙
麻油.............................2 茶匙

做法

1. 大火蒸熟杏鮑菇後待微涼，剖開杏鮑菇至平坦，翻轉背面�成菱形後覆轉備用。
2. 糯米先浸泡一晚，加水入糯米，大火蒸熟成糯米飯。
3. 甘筍、小蘆筍及鮮香菇切粒後，大火下菜油爆炒。
4. 加入糯米飯，轉中火拌炒飯粒及蔬菜。
5. 再加調味料炒勻上色後備用。
6. 糯米飯放上杏鮑菇後捲起，用烤針或牙籤封口，並塗上素燒烤醬。
7. 焗爐預熱 200 度。
8. 將「魷魚筒」 放進焗爐用 200 度烤焗，10 分鐘後取出，塗素燒烤醬補色。
7. 再放進焗爐烤焗 5-10 分鐘後即可，拔去烤針或牙籤後切件享用。

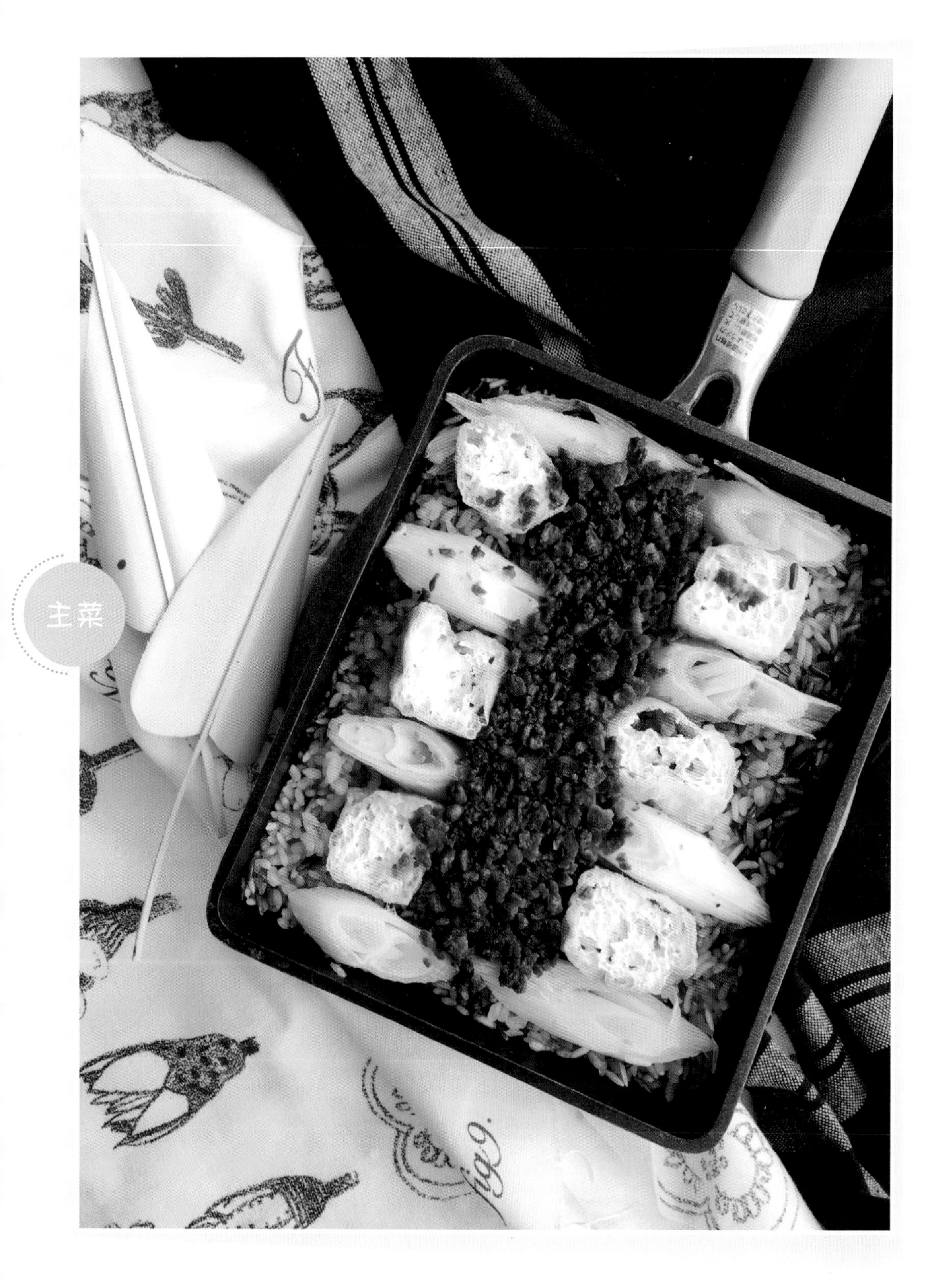

京蔥素牛肉醬油燜飯(五辛素)

炊煙裊裊，燒飯時香濃的醬油味充盈室內，這道霸氣的大鑊飯，宴客的飯香引來哄動。素牛肉指植物牛肉（Beyond Beef），味道天然嚼感好，略為沖洗表面香料，再醃味做料理非常方便。

材料與份量

1-2人

珍珠米..................... 2 量米杯

植物牛肉 ....適量

豆乾、豆腐卜..................適量

京蔥 ....1 棵

調味

醬油 ....1 湯匙

老抽 ....1 湯匙

素蠔油.......................1/2 湯匙

麻油 ....1/2 湯匙

香菇粉..........................1 茶匙

鹽 ....1/2 茶匙

黃糖 ....2-3 茶匙

水 .... 1-1.5 杯

蒜蓉 ....1 茶匙

橄欖油..........................2 茶匙

做法

1. 植物牛肉用水沖洗備用，豆乾切片，京蔥切段。
2. 熱鍋下菜油，用中火加蒜蓉爆香京蔥、植物牛肉、豆乾及豆腐卜。
3. 拌勻調味料做醬汁。
4. 洗米後鋪平在鍋內，加入醬汁蓋好慢火煮飯（留少許醬汁備用）。
5. 見飯粒將收乾水份，在飯面加京蔥、植物牛肉、豆乾及豆腐卜。
6. 加入剩餘的醬汁，蓋好慢火燜煮，待醬汁完全收乾即可。

主菜

栗子素雞三色飯 (純素)

滋補的栗子雞飯，用素食材重新包裝，雖然缺乏真雞的滋補療效，但創意搭夠，用三色米代替白米提高米飯的纖維量，亦加強嚼感。植物雞柳（Beyond Chicken）的妙用，實在是以假亂真。

材料與份量

2-3人

植物雞柳 ....125 克
栗子 ....15 顆
三色米 .... 2 量米杯
椰子水......................500 毫升
水份 ....160 毫升
菇菌 ....適量
露筍 .... 3-4 條
生腰果....................... 約 20 粒
鹽 ....約 2 茶匙
菜油 .... 約 1-2 湯匙

做法

1. 植物雞柳用清水沖洗，切粒，熱鍋下菜油爆香。
2. 下菇菌爆炒。
3. 露筍汆水切粒。栗子焓熟後剝殼切粒（留幾顆栗子煮湯）。
4. 三色米用水浸透約半小時後瀝去水份。
5. 湯鍋內注入水份及椰子水後，大火滾起後，加栗子及生腰果，水滾後用中火煮湯半小時後下鹽調味。
6. 用電飯煲或鍋，加入三色米、湯、栗子粒及菇菌煮飯，飯熟後加植物雞柳燜 2 分鐘。
7. 最後加露筍粒拌勻完成。

因為三色米較硬，需要預先浸泡備用，如果用白米或珍珠米可省卻此步驟。

茄汁西班牙燴飯 (五辛素)

朋友聚餐熱鬧開懷地分享，桌上少不了派對食物，而我最愛叫飯，因為美味的炒飯、燴飯或意大利飯，填飽肚又窩心。意大利米價錢較貴，想經濟便宜可用珍珠米代替。至於醬汁，可買有蕃茄肉的茄醬或茄膏，減省了煮醬汁的時間。

材料與份量

1-2人

珍珠米......................2 量米杯
薑黃粉......................1- 2 茶匙
熱水......................約 500 毫升
香菇粉......................3-4 茶匙
紅黃椒......................各 1/2 個
三色雜豆......................隨意
車厘茄......................8-10 顆
素餐肉......................數塊
植物牛肉......................約 1/4 量杯
洋蔥......................1/4 個

調味

鹽......................1/4 茶匙
蒜蓉......................1/2 茶匙
胡椒粉......................少許
香草碎......................少許
菜油......................2 茶匙

醬汁

蕃茄......................1 個
蕃茄膏......................約 2 湯匙
羅勒葉......................適量
黃糖......................約 2 茶匙
水份......................約 250 毫升

做法

1. 煎香素餐肉。蔬菜材料切粒，起鍋先炒洋蔥粒，加入其他蔬菜材料、植物牛肉及調味料大火炒勻。
2. 做醬汁，蕃茄切塊加入鍋內，用中慢火炒，茄膏加入適量水份稀釋，倒入鍋中，加羅勒葉及少許黃糖煮滾。
3. 香菇粉加入熱水拌勻成湯。
4. 熱鍋用中慢火，將薑黃粉加入珍珠米拌炒至顏色均勻。
5. 分次加入香菇湯，炒勻珍珠米，每次見水份將近收乾，再加水份，直至飯熟。
6. 將蔬菜材料、植物牛肉和素餐肉加入薑黃飯拌勻，後加蕃茄醬汁用慢火煮及拌勻即可。

- 煮珍珠米時用鍋蓋蓋住可以加速米熟。
- 加入顏色悅目的蔬菜，可令營養更均衡。

牛肝珍菌鑊仔飯 (純素)

萬千種類的菇菌是素食朋友愛吃愛入饌的食材，充滿幽香的牛肝菌和蟲草花，容許我謬讚一下這個新組合應該前無古人，縈繞味蕾的香氣，相信愛菌之人定會喜歡。

材料與份量

1-2人

珍珠米................... 1.5 量米杯

浸菇菌水份...........約 300 毫升

牛肝菌、蟲草花、
鮮冬菇、黑木耳、
甘筍、鮮百合.................適量

調味料

糖................................1 茶匙

鹽.............................1/2 茶匙

米酒、麻油、胡椒粉.......少許

燒烤汁（淋於飯面）.......適量

做法

1. 牛肝菌和蟲草花先浸軟，留起水份備用。
2. 鮮冬菇、黑木耳、甘筍和鮮百合切好。
3. 熱鍋下菜油及調味料，大火炒香鮮冬菇、黑木耳、甘筍、鮮百合、牛肝菌及蟲草花備用。
4. 用浸泡菇菌的水份，加些許鹽煮飯。
5. 待飯收乾水份，將配料鋪在飯面上。
6. 淋上燒烤汁即可。

牧羊人餡批 (五辛素)

英國的牧羊人餡批最大的特色是用薯蓉、牛肉或羊肉焗製而成，如轉用蔬菜的確少了香味，所以植物牛肉（Beyond Beef）是非常不錯的代替品，適合剛開始接觸素食的朋友。

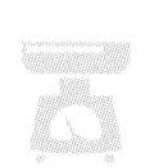

材料與份量

3-4人

用具：撻模直徑 7” x 高 1”

餡料

植物牛肉 .... 3 大湯匙
大啡菇 .... 2 隻
甘筍 .... 1/2 條
蕃茄 .... 1 個
羅勒 .... 適量
蕃茄膏 .... 1-1.5 湯匙
糖 .... 1 茶匙

批面及批底

馬鈴薯 .... 2 個
菜油 .... 2 大湯匙
鹽、胡椒粉、香草碎 .... 少許

做法

餡料

1. 蕃茄、甘筍及羅勒洗淨切好，菇切片。
2. 植物牛肉用開水沖洗，瀝乾備用。
3. 熱鍋下菜油，中火炒菇片、甘筍，加入蕃茄及植物牛肉煮腍。
4. 拌入羅勒、蕃茄膏及糖，燜煮材料至醬汁收乾。

批面及批底

1. 滾水下鹽焓熟馬鈴薯，去薯皮，切件後壓成薯蓉，加入菜油拌勻。待薯蓉稍涼後，壓入模具做批底。
2. 焗爐先預熱 200 度。批內放入餡料，面層均勻鋪上薯蓉，用叉在薯蓉表面畫花。
3. 放入焗爐烘烤約 20-25 分鐘或薯蓉表面至金黃即可。

奶素朋友可用牛油代替菜油，薯蓉可用豆蓉代替，大啡菇可用蘑菇代替。

紫薯雙色他他 (純素)

留在家中也可嚐到矜貴菜式，用簡單的食材，紫薯蓉、椰菜花及牛油果醬拼湊，化身星級水準的賣相。

材料與份量

1-2人

紫薯蓉

小型紫心番薯 .... 1- 2 條
糖............................約 1 茶匙
鹽........................ 約 1/4 茶匙
菜油 ....少許

椰菜花蓉

椰菜花..........................1/4 個
糖............................約 1 茶匙
鹽........................ 約 1/4 茶匙
粟粉 ....約 1 茶匙
菜油、胡椒粉、香草碎....少許

牛油果醬汁

牛油果..........................1/2 個
麵粉 ....1 湯匙
植物奶類 ....約 180 毫升
龍舌蘭糖漿..............約 1 茶匙
鹽、檸檬汁、
香草碎、橄欖油 ....少許

做法

紫薯蓉及椰菜花蓉做法

1. 先蒸熟紫心番薯後壓成蓉，加入調味備用。
2. 椰菜花浸洗乾淨，切成小朵後灼熟壓成蓉，亦加入調味備用。
3. 焗爐預熱 180 度，將錫紙放入焗杯內。
4. 先放紫薯蓉後壓實，中間放椰菜花蓉壓實，面層再放紫薯蓉壓實。
5. 放入焗爐 180 度烘烤 15 - 20 分鐘即可。

牛油果醬汁做法

1. 將牛油果起肉壓成蓉後放入鍋中，加入植物奶類，開慢火，用手提打蛋器拌勻牛油果肉及植物奶類。
2. 慢慢加入麵粉，不停拌勻至無顆粒後熄火。
3. 加入龍舌蘭糖漿及其他調味料拌勻。
4. 醬汁過篩即可。

椰菜花可用西蘭花代替。建議揀容易壓成蓉的澱粉類蔬菜做蔬菜蓉，方便堆疊之外，亦容易吸收醬汁，更為香濃入味。

味噌素牛肉印度薄餅卷(五辛素)

市場上有很多預煮的素食產品，方便都市忙人，預煮的食品未必不健康，搭配大量蔬菜令膳食營養更均衡，例如印度薄餅不一定配咖哩，用色彩繽紛的蔬菜加味噌醬炒香，日系與印度風味的合唱也是精彩絕倫。

材料與份量

1人

三色甜椒 .... 各 1/5 個

植物牛肉碎 .... 5 湯匙

紫椰菜 .... 2 塊

鷹咀豆 .... 2 湯匙

即用印度薄餅 .... 1 塊

生菜 .... 2 大塊

味噌醬汁

味噌 .... 1 湯匙

水 .... 100 毫升

糖 .... 1 茶匙

做法

1. 甜椒、紫椰菜切粒。
2. 沖洗植物牛肉備用。
3. 熱鍋下菜油，加少許水份炒香甜椒、植物牛肉、鷹咀豆及紫椰菜。
4. 加入味噌醬、水及糖，大火炒至醬汁收乾。
5. 薄餅皮毋須解凍，直接下熱鍋煎熟兩面。
6. 放進生菜及餡料夾好即可。

人生六味——

辣

一直到某天，我們回頭發現已雨過天青，慶幸再多險阻之時也沒有放棄。辣是一種痛覺，撐下去是個方法，也是唯一能做的。

輕食及點心

不想吃正餐，但又想飽肚，最好揀輕食。輕食泛指輕盈的便餐，三文治、飯卷和夾餅，甚至是一些中式點心，快手做完快手開餐，還可端上派對餐桌與大夥兒共享呢！

養生五色飯卷 (純素)

日本壽司飯下醋，韓式飯卷 (Gimbap 김밥) 下麻油，兩樣各有風味也各有「粉絲」，都是健康美味的小吃，甚至可以當成正餐。

韓國的飲食文化講求陰陽五行，即將「鹹、甜、酸、苦、辣」五味和「紅、綠、白、黑、黃」五色融入菜餚，每餐吃齊五味和五色，平衡體內的五行，能夠養生和美顏。

材料與份量

2大條飯卷

紫菜 ....2 塊
白米 .... 1 量米杯
甘筍 ....1 條
溫室青瓜 ....1 條
韓國直菇 ....6 條
醃黃蘿蔔 ....1/4 條
醃子薑............................. 適量
麻油 ....1 湯匙
鹽.............................. 1/4 茶匙
黑胡椒............................. 少許

做法

1. 煮飯，飯熟後拌入鹽及麻油，待涼備用。
2. 做餡料，煎香直菇後加些許黑胡椒調味，甘筍去皮刨絲、溫室青瓜洗淨切長條，醃黃蘿蔔切長條。
3. 紫菜放在鍋上每邊烘數秒，拿壽司蓆，將紫菜放上，將光身的向下，啞色的向上，然後放上白飯鋪平，再放上餡料，邊捲邊壓捲成長飯卷。
4. 在長飯卷表面塗抹薄薄的麻油，用乾淨的刀切件即可。

珍珠米飯丸子 (純素)

家長們哄小朋友吃飯會覺得煩惱嗎？精緻吸睛的日式料理未到肚已叫人興奮，珍珠白飯混合蔬菜及果仁製成別開生面的米飯丸子，打破白飯呆板的局面，單講賣相已叫人十分喜愛，不能否認自己對別緻的日本菜式情有獨鍾。

材料與份量

約12粒

珍珠米...................... 1 量米杯

水.............................160 毫升

香菇 ....50 克 (約 4 隻)

甘筍 ....30 克 (約 1/2 條)

松子仁......................... 約 5 克

薑.....................................2 片

調味料

麻油 ....2 茶匙

鹽..............................1/4 茶匙

胡椒粉............................. 少許

水.................................2 湯匙

裝飾

黑白芝麻 (已炒香) /
海苔粉 / 素香鬆 .... 適量

做法

1. 香菇、甘筍切粒，松子仁切碎。
2. 熱鍋下菜油爆香薑片，加入香菇粒、甘筍粒、松子仁及調味料拌炒成餡料。
3. 珍珠米煮成飯後拌入炒好的配料。
4. 雙手沾水，用湯匙輔助將米飯揉成丸子形狀。
5. 灑上黑白芝麻 / 海苔粉 / 素香鬆即可。

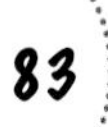

香椿醬手抓餅 (純素／五辛素)

香椿葉是明、清時代的宮廷貢品，被譽為綠色之寶，自古有流傳「食用香椿，不染雜病」。香椿葉有豐富的維他命C及鐵質，從中醫角度上對人體有不少保健功效，可以降血脂、血糖及消炎殺菌。用香椿葉做醬料，不論拌麵，做抹醬，炒豆腐或做點心等，都能為料理增添風味。

材料與份量

1-2人

手抓餅直徑約 25 厘米

中筋麵粉 .... 150 克

溫水（約 65 度）...... 90 毫升

鹽 .... 1/4 茶匙

香椿醬 .... 2 湯匙

做法

1. 麵粉及鹽拌勻，加溫水搓成麵團。
2. 麵團搓揉均勻後放入盤中，蓋上保鮮紙，靜置約 30 分鐘。
3. 醒過的麵團搓揉約 3 分鐘至表面光滑。
4. 用擀麵棍輾平麵團後塗抹香椿醬。
5. 麵團卷成圓筒狀後，盤成圓形，靜置發酵約 10 分鐘。
6. 再把麵團壓扁輾平。
7. 平底鍋加熱後加入一大匙菜油。
8. 放入麵團，用中慢火煎，用鍋剷拍打抓餅，將兩面煎至金黃酥脆即可。

腰果忌廉芝士伴羅勒青醬圓餅 (純素)

全素世界的「山羊芝士」 令你大開眼界，用生腰果打成忌廉再冷凍，其質感與忌廉芝士無異，味道可因應個人口味加入不同配料，例如鹽或香草等創製多變的口味。素造的創意能夠讓植物性食材跨越障礙，代替根深柢固眾所認識的食材，將不可能化為可能。

材料與份量

3-4人

腰果忌廉芝士

生腰果..........................100 克
初榨椰子油...................1 湯匙
蘋果醋..........................1 茶匙
水份 ....80 毫升
檸檬汁..........................2/3 個
鹽 ....1 茶匙

羅勒青醬

羅勒 ....50 克
初榨橄欖油................45 毫升
松子仁...........................20 克
素芝士...........................20 克
檸檬汁..........................1/2 個
鹽、胡椒粉..................... 少許

其他配料

油浸乾番茄、薄荷葉 ....適量

做法

1. 將保鮮紙放入器皿備用。
2. 全部腰果忌廉芝士材料放入攪拌機打勻，倒入器皿後放入雪櫃冷藏至硬身。
3. 全部羅勒青醬材料用攪拌機拌勻。
4. 腰果忌廉芝士、羅勒青醬及油浸乾番茄放上餅乾，用薄荷葉裝飾即可。

素沙茶醬無骨雞腿（純素）

朋友派對少不了「雞食」，炸雞腿、焗雞翼和烤雞扒等，吃素的朋友難道又是「無啖好食」嗎？假如告訴你素食都有雞腿，你會吃驚嗎？只要用腐皮模仿雞皮，素漿模仿雞肉，甘筍模仿雞骨，焗「雞」的香味隨烤焗時緩緩四溢。

材料與份量

約2隻

鮮腐皮..........................1 大塊

素漿..........................約 40 克

鮮冬菇..........................1 隻

馬蹄..........................4 粒

甘筍（已切條）..............2 條

調味

鹽..........................少許

糖..........................1/2 茶匙

粟粉..........................1/2 茶匙

麻油..........................1/2 茶匙

素沙茶醬......................2 湯匙

做法

1. 素漿解凍備用，焗爐先預熱 180 度。
2. 鮮冬菇切粒後爆香。
3. 素漿加入冬菇粒及馬蹄粒，然後下調味拌勻。
4. 腐皮剪開 1/4 塊使用。
5. 餡料放上腐皮，一端放置甘筍條，然後整件卷起成雞腿模樣，外皮塗抹素沙茶醬。
6. 素雞腿放進焗爐 180 度焗 10 分鐘，再塗抹素沙茶醬後多焗 10 分鐘即可。

想提升層次，可用素沙茶醬、素燒烤醬或韓式辣醬炮製，味道不比真雞肉遜色。

素刈包 (純素)

台灣人的傳統美食刈包亦被稱作「虎咬豬」，因為刈包夾著內餡，狀似老虎的嘴咬緊豬肉。而我的台式漢堡用蔬菜和豆乾做餡料，脹鼓鼓的像錢包，怪不得尾禡時，刈包也是應節食物之一。

材料與份量

約10個

刈包

中筋麵粉......................350 克
快速酵母..........................5 克
溫水.........................210 毫升
糖.............................1/2 茶匙
鹽.............................1/8 茶匙
菜油............................2 茶匙

餡料

椰菜.............................1/2 個
甘筍...............................1 條
豆乾...............................3 件
豆腐卜.............................6 個
菜譜、花生粉、芫茜.......適量

調味

鹽..........................約 1/4 茶匙
糖............................約 1 茶匙
素蠔油......................約 2 茶匙
素 XO 醬......................1 茶匙
水份.....................約 1/2 量杯
菜油...............................適量

做法

刈包做法

1. 將 175 克麵粉及糖置於攪拌盤內，酵母放置糖的側邊，將溫水對準酵母注入，先拌勻，再倒入 175 克麵粉、鹽及菜油拌成麵團，放在工作桌上搓揉至麵團表面光滑。
2. 將麵團收圓，接口向下放回攪拌盤內，用保鮮紙蓋好，用 40 度發酵麵團約 25 分鐘。
3. 手指拈麵粉戳向麵團中間測試麵團，麵團不黏手指便可，然後按麵團 4 下排出空氣。
4. 取出麵團，接口向上，用排氣棒或擀麵棍輾平麵團約 1 厘米厚，用模裁圓形後再推壓成橢圓形，靜置醒麵團 10 分鐘。
5. 每塊麵團塗抹菜油後，上半比下半大對褶，然後放在蒸饅頭紙上放入蒸鍋。
6. 再用 40 度發酵麵團約 25 分鐘後，從冷水開始用大火蒸，水滾後轉中火蒸大約 12 分鐘即可。

餡料做法

1. 椰菜切塊，甘筍、豆乾切片，豆腐卜切半，菜譜切粒。
2. 熱鍋下菜油，中大火炒甘筍片和椰菜至腍身，加入豆乾、豆腐卜及菜譜炒勻。
3. 下調味料炒勻，轉慢火燜煮至收汁。
4. 刈包夾住素菜餡料，加入花生粉和芫茜即可。

花生粉可買現成的炒花生用攪拌機攪碎，按個人口味加糖及鹽調味。

白汁素雞皇脆皮杯 (純素)

經典的白汁雞皇飯是極受歡迎的西餐料理，用植物雞肉取代真雞柳炮製不失為葷食素做的好方法。利用創意將嫩滑的白汁素雞柳與脆卜卜的酥皮杯共冶一爐成為派對小吃，比平凡的焗飯更技勝一籌。

材料與份量

4件

植物雞肉......................120 克

即用酥皮..........................1 塊

小紅莓.............................適量

白汁

植物奶類...........100-120 毫升

麵粉 ....1 湯匙

菜油 ....1 湯匙

鹽..............................1/2 茶匙

香草 / 黑胡椒..................適量

做法

1. 將植物雞肉解凍後切粒備用。
2. 將植物奶類加入熱鍋用中大火煮醬汁，加入麵粉攪拌至麵粉粒溶解。
3. 醬汁變得濃稠後，加入菜油及調味料。
4. 加入植物雞粒拌炒備用。
5. 焗爐預熱 200 度。將即用酥皮解凍後分成 4 塊，每塊放入焗模做成杯狀，底部用叉刺孔，將酥皮放入焗爐焗 20 分鐘。
6. 皮杯完成後，將白汁雞粒放入酥皮杯內，再放入焗爐焗 5 分鐘。
7. 加上小紅莓乾做裝飾即可。

翠玉蒸素餃 (純素)

中國人吃餃子，有團圓和祈求好運的意思，而我最愛素餃子，因為清新的蔬菜餡不會太油膩。外型別緻的葉形素餃，像樹丫的葉子一樣動人，每當細望，常勾起昔日往事，緣聚緣散的人生，能相聚是緣份，且珍惜。

材料與份量

約12隻

餃子皮............................12 塊

椰菜..............................1/2 個

馬鈴薯..............................1 個

菇菌...............................適量

調味

醬油............................1 湯匙

糖..............................1 茶匙

鹽............................1/4 茶匙

胡椒粉........................1/4 茶匙

麻油..........................1/2 茶匙

做法

1. 椰菜洗淨切幼絲，馬鈴薯去皮切幼絲，菇菌切粒。
2. 熱鍋下菜油炒馬鈴薯絲，然後加入椰菜絲、菇粒及調味料炒勻成餡料備用。
3. 將餡料包入餃子皮。
4. 將餃子放上蒸架，涼水開始用大火蒸6-7 分鐘即可。

小貼士

包素餃子時，揀有澱粉成份或質感較黏稠的食材，可避免餡料散開。

蒸南瓜粿子 (純素)

一顆一顆小小的南瓜粿非常可愛。在家中花心思做精巧的南瓜粿，過新年時可以是意頭菜，到萬聖節時又可以是應節點心，學懂做法後一技旁身，佳節通行。

另外，建議用日本種的栗子南瓜，蒸熟後的質感比較軟糯香甜，水份亦較少，容易控制及操作。

材料與份量

約6個

南瓜蓉..........................1/2 杯

糯米粉............................65 克

粘米粉............................35 克

黃糖 .... 約 2-3 茶匙

鹽.............................. 1/8 茶匙

菜油 .... 約 2-3 茶匙

即用紅豆蓉......................適量

做法

1. 將南瓜蒸熟，待涼，令多餘水份收乾，取南瓜肉壓成蓉。
2. 糯米粉、粘米粉混合，加入南瓜蓉搓勻。
3. 加入黃糖、鹽（調味）及菜油，搓揉成南瓜麵團。
4. 靜置麵團 10-15 分鐘。
5. 麵團搓成長條形，平均分成 6 份，每份搓圓。用拇指壓凹中央，包入紅豆蓉，搓圓後稍為壓扁，用牙籤或刀背從中央向外劃幾刀，做成南瓜形。
6. 涼水開始，用中大火蒸 12-15 分鐘。
7. 南瓜粿蒸好後，用杞子、葡萄乾或胡桃裝飾即可。

如果南瓜麵團太濕，可在手掌塗抹熟粉（炒熟的糯米粉）防黏。

黃金紫薯球 (蛋素)

外脆內軟的黃金紫薯球，好像外剛內柔的女孩，是你們所喜愛嗎？而高纖的蕃薯，肯定是瘦身朋友的至愛，用蒸、焗或烤的做法同樣令蕃薯料理滋味無窮，黃蕃薯甜；紫蕃薯香，兩者平分秋色，各有擁護者。

材料與份量

約10粒

紫薯蓉 ....150 克
糖 ....適量
麵包糠...................... 約 60 克
早餐粟米片.............. 約 100 克
蛋 ....1 隻

做法

1. 蛋打散成蛋液。
2. 將早餐粟米片壓碎。
3. 將麵包糠與粟米片混合。
4. 舀一小份紫薯蓉搓成球，沾滿麵包糠粟米片。
5. 焗爐預熱 180 度，將紫薯球放入焗爐烤焗 20 分鐘或外層至金黃即可。

醬燒杏菇串 (純素)

在台北旅遊時，走訪過很多素食餐廳偷師，發現他們的共通點是善用杏鮑菇入饌，透過多元化的烹調方法及配合不同醬汁，將杏鮑菇模仿各式各樣的葷食，非常可口。利用細小短身的韓式杏鮑菇，用燒烤的方法做花俏的杏菇串，創意十足，以家常便飯的標準來説超班了。

材料與份量

4串

韓式杏鮑菇.............. 約 150 克
素燒烤醬 .... 2 茶匙
素燒烤汁 ....約 35 毫升
糖 .... 2 茶匙
鹽 .... 1/8 茶匙
麻油 .... 2 茶匙
粟粉 .... 2 茶匙
芝麻 .... 2 茶匙

做法

1. 焗爐先預熱 180 度。
2. 燒烤醬、燒烤汁、糖、鹽、麻油和粟粉拌勻成醬汁。
3. 醬汁倒入杏鮑菇後醃 15 分鐘。
4. 杏鮑菇用竹籤串起後放入焗爐焗 10 分鐘，翻轉補醬汁讓杏鮑菇顏色更深，再焗 10 分鐘。
5. 焗完後灑上芝麻即可。

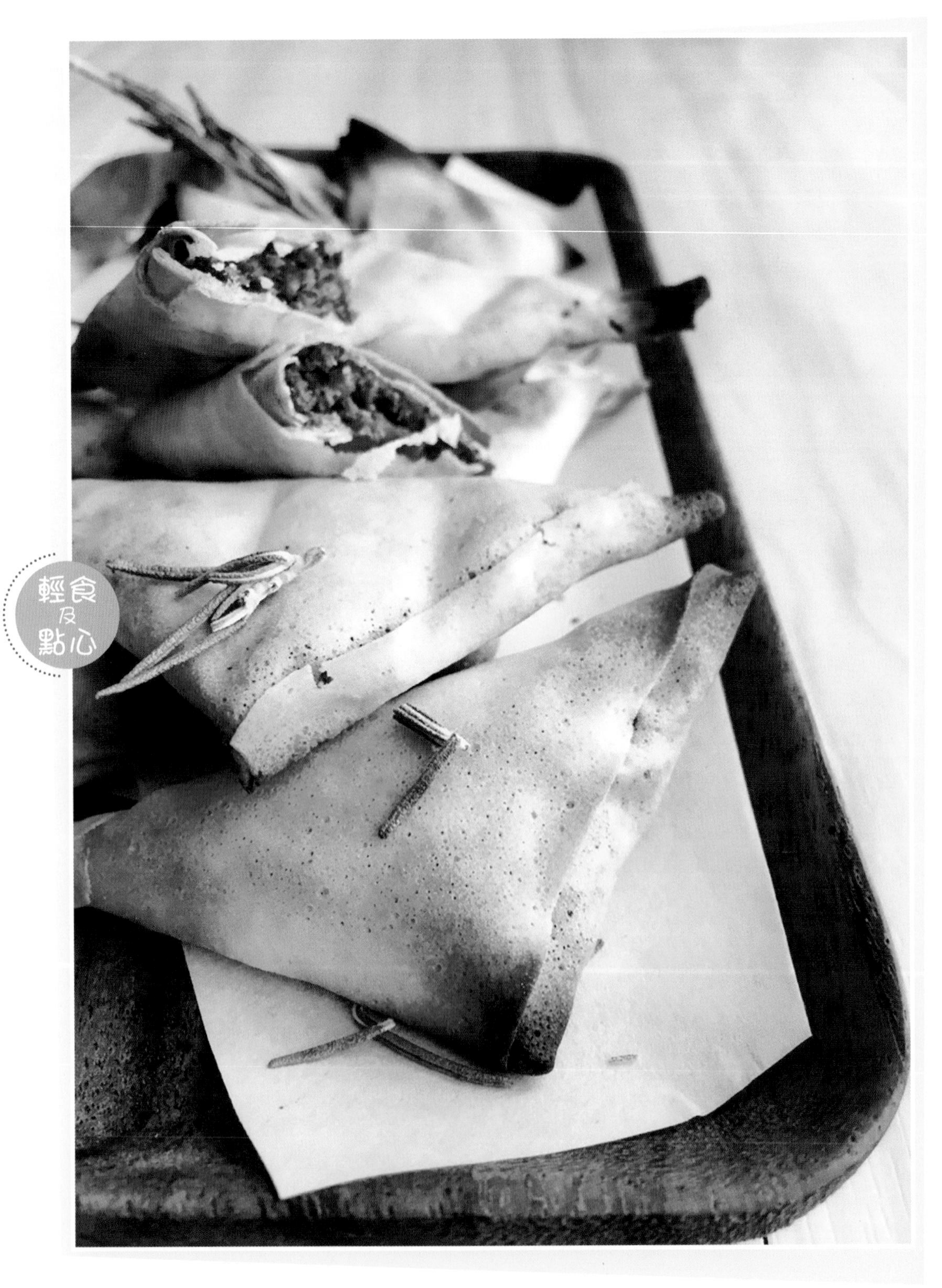

素牛肉咖哩角 (五辛素)

常見的派對小食牛肉咖哩角，如果想吃得更有營，可以用咖哩醬炒香素牛肉（植物牛肉）及甘筍粒做餡，然後改用焗爐炮製，咖哩素牛肉夠香濃多汁之餘，亦較油炸版更健康，最好讓派對中的朋友一起參與製作，享受簡易煮食的樂趣。

材料與份量

約14隻

春卷皮..............................7 塊
植物牛肉粒....................1/2 杯
甘筍 .... 1/2 -1 條
咖哩醬..........................2 大匙
糖 ....1 茶匙
粟粉水......................... 1 湯匙

做法

1. 甘筍切粒，植物牛肉粒沖洗備用。
2. 春卷皮一開二剪成長方型。
3. 熱鍋下菜油，用中大火炒植物牛肉粒及甘筍粒。
4. 加入咖哩醬及糖大火炒勻後盛起備用。
5. 餡料放上春卷皮，摺疊成三角型，塗粟粉水收口。
6. 焗爐預熱 200 度。
7. 將素牛肉咖哩角放入焗爐用 200 度烘烤 15 分鐘至兩面金黃即可。

簑衣丸子 (純素)

糯米丸子又稱為珍珠丸子或簑衣丸子，是著名的漢族小吃，因為糯米的外觀色澤像珍珠，於是又叫珍珠丸子，也有說因為以前的雨衣叫簑衣，下雨後，留在蓑衣上的小雨點，晶亮剔透像糯米色澤，就此取名為簑衣丸子。糯米丸子的做法看似刁鑽，其實技巧不多，這道宴客菜式用素食來演繹，品嚐起來同樣鮮香可口。

材料與份量

約8件

糯米 .... 約 125 克

素漿 ....200 克

甘筍 ....1/2 條

小蘆筍...................... 約 10 克

馬蹄 ....2 粒

欏葉（已浸泡） ....2 塊（可省略）

調味料

鹽 .... 1/8 茶匙

糖 .... 1 茶匙

醬油 .... 1/2 茶匙

米酒 .... 1/2 茶匙

胡椒粉 .... 少許

麻油 ....2 茶匙

做法

1. 糯米先浸泡一晚，瀝乾水後備用。
2. 甘筍、小蘆筍及馬蹄切粒。
3. 素漿混合配料及調味料拌勻成餡料。
4. 餡料做成肉丸形狀後沾滿糯米做成丸子。
5. 丸子放上欏葉，大火蒸熟糯米即可。

沒有欏葉，可在碟上塗抹菜油防黏，放上糯米丸子大火蒸熟。

人生六味——

鹹

我們所有的過去，變成了現在的自己，雖然汗與淚交織，卻別忘了相信自己。凡事不一定開花與結果，但不努力，會更成長不好。

麵包及蛋糕

烘培是一場魔法表演，留守焗爐前觀察烘培的過程，更是一種妙不可言的心靈釋放。妳甚至可以摒棄使用電動打蛋機，用一隻叉就能操作做蛋糕，而全人手製作的麵包其實不費力也能做妥。

紅豆烤餅 (純素)

從未想過在家也可嚐到夜市的風味，這個紅豆烤餅用發酵麵團做成，口感較柔軟像麵包，大大粒的紅豆幸福感滿瀉，知足常樂，珍惜當下身邊的人或事，已經向知足慢慢接軌，並漸漸奔向幸福旅程了。

材料與份量

約8個

發酵麵團

高筋麵粉 .... 300 克
糖 .... 25 克
快速酵母 .... 5 克
溫水 .... 約 140 毫升

餡料

即用紅豆餡 .... 適量

裝飾

芝麻 .... 適量

做法

1. 將 150 克高筋麵粉及糖置於攪拌盤內，酵母放置糖的側邊，將溫水對準酵母注入，先拌勻，再倒入 150 克高筋麵粉拌成麵團後，放在工作桌上搓揉至麵團表面光滑。
2. 將麵團收圓，接口向下放回攪拌盤內，用保鮮紙蓋好，用 40 度發酵麵團約 25 分鐘。
3. 手指拈高筋麵粉戳向麵團中間測試麵團，麵團不黏手指便可，然後按麵團 4 下排出空氣。
4. 將麵團取出，分割成 8 份，將小麵團收圓，用保鮮紙蓋好，醒麵團 10 分鐘。
5. 接口向上，用排氣棒或擀麵棍輾平麵團，包入紅豆餡後略壓扁。
6. 撒上芝麻，將紅豆餅放上焗盤，蓋上保鮮紙，再用 40 度發酵約 25 分鐘。
7. 將焗爐預熱 180 度。
8. 放入紅豆餅用 180 度烤焗 15-20 分鐘至金黃即可。

貝果 (純素)

"Focus on the donut, not the hole! " 意思是珍惜能把握的是，別只管缺失。充滿人生哲學的貝果，最初只是圓形的麵包，由東歐的猶太人發明，後來被帶到北美洲，為方便攜帶才做成空心的形狀。現代的貝果非常多姿多彩，佐以乳酪、蔬菜及沙律等享用。

材料與份量

4-5個

高筋麵粉 ....160 克

溫水 ....40 毫升

植物奶類 ....80 毫升

糖 ....5 茶匙

鹽 ....1 茶匙

快速酵母 ....1 茶匙

做法

1. 將快速酵母、1 茶匙糖及 40 毫升水份先混合，待酵母完全溶解。
2. 將糖、鹽、奶及酵母水加入麵粉內完全拌勻成麵團，放在工作桌上搓揉至麵團表面光滑。
3. 將麵團收圓，接口向下放回攪拌盤內，用保鮮紙蓋好，用 40 度發酵麵團約 25 分鐘。
4. 手指拈高筋麵粉戳向麵團中間測試麵團，麵團不黏手指便可，然後按麵團 4 下排出空氣。
5. 將麵團取出，分割成 4 份，將小麵團收圓後，用保鮮紙蓋好，醒麵團 10 分鐘。
6. 將麵團做成環狀，放入滾水氽燙約半分鐘，撈起及瀝乾水份。
7. 將麵團放上烤盤，預熱焗爐 190 度。
8. 將貝果放入焗爐用 190 度烘焙約 15 分鐘即可。

栗子紅豆卷麵包 (蛋素)

早晨醒來，把自己的家化身成麵包店，全屋的空氣籠罩著舒服窩心的麵包香氣。我發現一個省力做麵包的方法，毋須揉麵團而且容易掌握，比低溫發酵更省時，但手做麵包始終要花時間，耐性不可缺，學習等待是一個成長的過程。

材料與份量

5-6個

高筋麵粉 .... 1 量杯

中筋麵粉 .... 1/2 量杯

即用栗子紅豆餡 /
紅豆餡 .... 5 湯匙

菜油 .... 3 湯匙

植物奶類 .... 1/2 量杯

糖 .... 2 湯匙

鹽 .... 1/4 茶匙

乾酵母 .... 2 茶匙

雞蛋 .... 1 隻

做法

1. 熱鍋下菜油，熄火，加入植物奶類、糖、鹽和雞蛋拌勻。
2. 然後加乾酵母拌勻，靜置 1 分鐘。
3. 混合高筋麵粉及中筋麵粉後加入鍋中拌勻。
4. 蓋起，在溫暖地方發酵 1 小時至麵團變兩倍大。
5. 取出麵團，用手按壓麵團排氣，搓揉 1-2 分鐘後，鬆弛 20 分鐘，再搓揉成光滑的麵團。
6. 工作桌上灑些許麵粉防黏，將麵團分成 5 份。每份麵團用擀麵棍輾平，加栗子紅豆餡後卷起。
7. 焗盤塗菜油防黏，每份麵團放進焗盤，在溫暖地方發酵 1 小時至麵團再變兩倍大。
8. 焗爐預熱 180 度。麵團發酵完成後，放進焗爐用 180 度烘烤 20 分鐘即可。

意大利芝士蛋糕（純素）

意大利文 Tiramisu 是「帶我走」的意思，吃純素的朋友們幸運了，你也能帶走 Tiramisu 的幸福滋味，這個蛋糕忌廉有細滑質感，餅底用上合桃和椰棗來代替手指餅，讓素食朋友可吸取更多蛋白質及纖維，精髓當然是咖啡粉，提升整個蛋糕的芳香。

材料與份量

1個

用具：長方型蛋糕模

長 7” x 闊 3.25” x 高 2.25”

忌廉

生腰果

(預先浸泡)............約 120 克

嫩椰子肉..................1/2 量杯

椰子水......................120 毫升

初榨椰子油................1/4 量杯

龍舌蘭 / 楓糖漿............2 湯匙

雲尼拿精油..................1 茶匙

鹽..............................1/8 茶匙

餅底

合桃.........................約 60 克

椰棗.........................約 30 克

龍舌蘭 / 楓糖漿........1 大湯匙

咖啡粉.........................1 茶匙

雲尼拿精油..................1 茶匙

冧酒精油..................1/2 茶匙

杏仁粉......................約 50 克

可可粉.........................1 湯匙

飾面

朱古力粉.......................適量

做法

1. 全部忌廉材料用食物處理器拌勻備用。
2. 餅底部份，椰棗攪成棗蓉，合桃攪碎成粉狀，加入餅底其餘材料全部拌勻。
3. 烘焙紙放進蛋糕盤內。
4. 先放餅底材料，用叉或杯底壓實，再放忌廉塗抹均勻，然後一層一層重複至材料完成。
5. 最後灑上朱古力粉，放進雪櫃冷藏至少 3 小時即可。

小貼士

忌廉部份建議用生腰果，因為腰果打滑後的質感最像忌廉。

肉桂蘋果磅蛋糕 (純素)

全素的磅蛋糕，雖然沒有加雞蛋或牛奶，依然鬆軟細滑。蘋果跟肉桂是漂亮的組合，其香氣及味道絕不遜色，製作時隨意放上蘋果片，當蛋糕膨脹起來，蘋果片會像花瓣般綻開，非常美麗，教人難以抗拒。

材料與份量

1個

用具：長形蛋糕模
長 7” x 闊 3.25” x 高 2.25”

蘋果……1 個

乾性材料

自發粉……150 克
亞麻籽粉……15 克
肉桂粉……1/4 茶匙

濕性材料

初榨椰子油……40 毫升
植物奶類……150 毫升
蘋果醋……1/2 湯匙
糖……45 克
雲尼拿精油……1/4 茶匙
龍舌蘭 / 楓糖漿……1 湯匙

做法

1. 蘋果切薄片。
2. 焗爐預熱 190 度。
3. 乾性及濕性材料分別拌勻。
4. 濕性材料倒入乾性材料中輕手拌勻。
5. 蛋糕糊倒入長形蛋糕模，然後鋪上蘋果片。
6. 蛋糕放入焗爐，用 190 度烘焙約 25 分鐘後取出，隨意擠上糖漿，再放進焗爐烘焙約 5 分鐘即可。

待蛋糕完全冷卻後口感更鬆軟。

Marble
Pound
Cake
Gutsabfüllung
Weingut
Max Ferd. Richter
Mülheim/Mosel

雲石磅蛋糕 (純素)

美麗的雲石花紋像一幅水墨山水畫，形如雲氣，千變萬化，常常賦予視覺設計上的靈感。優雅的雲石紋蛋糕同樣能謀殺菲林，一層原味、一層朱古力味仿雲石花紋，吃一口蛋糕同時品嚐兩種口味，大快朵頤。

材料與份量

1個

用具：長形蛋糕模
長 7" x 闊 3.25" x 高 2.25"

黑朱古力........................35 克

乾性材料

自發粉..........................150 克
亞麻籽粉........................15 克

濕性材料

菜油............................40 毫升
植物奶類..................150 毫升
蘋果醋.......................1/2 湯匙
糖..................................50 克
雲尼拿精油................1/8 茶匙
龍舌蘭 / 楓糖漿............1 湯匙

做法

1. 黑朱古力用熱水坐溶備用。
2. 焗爐預熱 180 度。
3. 乾材料拌勻；濕材料拌勻。
4. 濕性材料倒入乾性材料中輕手拌勻。
5. 蛋糕麵糊分一半，一份原味，一份加入黑朱古力。
6. 原味蛋糕麵糊及朱古力蛋糕麵糊輪流倒入長形蛋糕模內。
7. 水份注入焗盤，蛋糕模放上焗盤後放入焗爐。
8. 先用 180 度烘焙約 20 分鐘，再轉 170 度烘焙約 20 分鐘即可。

做蛋糕宜選擇味道淡的菜油。

腰果忌廉楓糖蛋糕 (蛋素)

嗜甜的女孩子對蛋糕的慾望總會不自覺地從臉上流露，體驗慢活，丟低忙碌生活的煩惱，做漂亮精緻的蛋糕，那份喜悅教人雀躍。用腰果做的忌廉不論在質感和味道上，不比用奶製品製成的忌廉遜色，而且腰果忌廉有淡淡的果仁香味更討人喜愛。

材料與份量

4個

用具：圓形蛋糕模
直徑 6 厘米 x 高 3.5 厘米

腰果忌廉

腰果 ....50 克
植物奶類 ....40 毫升
楓糖漿.........................1 茶匙

楓糖蛋糕

濕性材料

植物奶類 ....60 毫升
初榨椰子油..................1 湯匙
楓糖漿.........................2 湯匙

乾性材料

自發粉..........................75 克
肉桂粉......................1/8 茶匙
鹽 ....1/8 茶匙

裝飾

果仁碎..........................適量

做法

1. 腰果用水浸泡 1 小時至軟身。
2. 忌廉材料放入攪拌機攪拌至軟滑，如果有較大的腰果粒用篩隔去備用。
3. 焗爐先預熱 170 度。
4. 楓糖蛋糕的濕性及乾性材料分別拌勻。濕性材料倒入乾性材料中輕手拌勻。
5. 蛋糕麵糊倒入蛋糕模內至 8 成滿。
6. 放入焗爐 170-180 度烘焙 20-25 分鐘。
7. 取出蛋糕，待涼後橫切，塗上腰果忌廉。果仁碎灑在蛋糕上做裝飾。

藍莓鬆餅 (純素)

口感濕潤的鬆餅看來平凡卻廣受歡迎，做法既簡單又快捷，適合一眾蛋糕新手嘗試。不花巧的蛋糕其實不差，易學易做又美味，做蛋糕跟過生活一樣，我們或會追求獨特及不一樣，但當嘗盡千辛萬苦後，回首發現簡單、平凡的生活往往最輕鬆自在。

材料與份量

約5個

用具：鬆餅模直徑 7 厘米

藍莓 .... 1/2 量杯

乾性材料

自發粉.......................... 120 克

亞麻籽粉 .... 約 1/8 量杯

肉桂粉....................... 1/4 茶匙

鹽.............................. 1/8 茶匙

濕性材料

初榨椰子油................. 30 毫升

植物奶類 .... 125 毫升

蘋果醋....................... 1/2 茶匙

龍舌蘭 / 楓糖漿 .... 1/4 量杯

雲尼拿精油 .... 1/2 茶匙

做法

1. 焗爐預熱 190 度。
2. 濕性材料拌勻；乾性材料拌勻。
3. 濕性材料倒入乾性材料中輕手拌勻。
4. 蛋糕糊倒入鬆餅模內約 8 成滿。
5. 放上藍莓。
6. 蛋糕放入焗爐，用 190 度烘焙約 15 鐘即可。

迷你甘筍蛋糕 (純素)

甘筍就像洋蔥一樣，愈受熱愈容易焦糖化，因此甘筍蛋糕普遍有焦糖香味，頗為誘人，而且甘筍有豐富的維生素 A ，用蔬菜材料做蛋糕絕對是有營之選。

材料與份量

12個迷你版

自發粉........................1/2 量杯
糖..............................1/4 量杯
植物奶類....................1/4 量杯
鮮甘筍汁
（約 2 條甘筍）........1/4 量杯
甘筍渣..........................2 湯匙
菜油.............................2 湯匙

做法

1. 焗爐先預熱 180 度。
2. 甘筍去皮，用慢磨榨汁機 (或刨蓉器) 分隔甘筍肉及甘筍汁。
3. 自發粉及糖過篩拌勻。
4. 加入植物奶類、甘筍汁、菜油及甘筍渣，快速輕手拌勻。
5. 麵糊倒入蛋糕模。
6. 放入焗爐，用 180 度烘焙 15 至 20 分鐘即可。

冧酒朱古力
軟心蛋糕 (純素)

愛情的味道像朱古力，有苦澀有甘甜，所以情侶們都愛情人節時送上朱古力。偶爾心情悶悶不樂時， 嚐一口朱古力蛋糕，更容易令人回復開心情緒。

材料與份量

約5個

用具：杯子蛋糕模直徑 7 厘米

自發粉..............................105 克
小梳打粉........................1/2 茶匙
糖......................................60 克
鹽..................................1/8 茶匙
無糖可可粉粉........................5 克
豆奶.............................120 毫升
植物性油.........................60 毫升
蘋果醋..............................1 湯匙
冧酒..............................1/4 茶匙
朱古力粒............................15 克
糖霜裝飾..............................適量

做法

1. 先將乾性材料及液體材料各自拌勻。
2. 將液體材料倒入乾性材料中拌勻至無顆粒。
3. 預熱焗爐 200 度，用油塗抹杯子蛋糕模內部方便蛋糕脱模。
4. 將朱古力漿倒在杯子蛋糕模內約 1/4 滿。
5. 加入朱古力粒，然後再倒入朱古力漿約 8 成滿。
6. 放入焗爐用 200 度焗大約 13 分鐘。
7. 朱古力蛋糕取出，待涼3分鐘後脱模，灑上糖霜裝飾即成。

人生六味——

甜

我們想念的是那一段自己感到幸福的時光，以及在愛裡的自己。假如大家剛好相愛，互有一種彼此牽掛的甜。幸福流露在臉上；快樂印刻在心版上。

甜品

甜味是一帖治療情緒的藥方，解決心煩或精神不安的狀態，妳的身體會告訴妳需要甜食，藉甜食促使掌管快樂的腦內物質血清素分泌。下次想任性嗜甜時，不妨做自己手作的簡單甜品，一來可控制糖量，二來跟書做 1-2 人的份量，細嚼淺嚐不怕易胖。

三色椰絲球 (純素)

Onde onde 是印尼和馬來西亞的傳統甜點，多用班蘭汁、糯米粉及木薯粉做成綠色椰絲球，運用多色蔬菜可加添繽紛的顏色和營養，例如南瓜蓉和紫薯蓉。甜絲絲的椰絲球，煙煙韌韌的口感，相信會俘虜一群愛東南亞甜點的朋友。

材料與份量

約15粒

糯米粉 .... 1/2 量杯
木薯粉 .... 1/4 量杯
糖 .... 3 湯匙
水份 .... 50 毫升
班蘭精油 .... 1 小滴
南瓜蓉 .... 約 40 克
紫薯蓉 .... 約 40 克
椰絲 .... 1/4 量杯
鹽 .... 1/2 茶匙
水份 .... 1 茶匙

餡料

椰糖 .... 適量

做法

1. 南瓜、紫番薯大火蒸熟後起肉壓成蓉。
2. 椰糖切粒備用。椰絲加鹽加水大火蒸10 分鐘備用。
3. 糯米粉、木薯粉、糖拌勻，分成 3 份。
4. 一份加入南瓜蓉及水搓揉成團。
5. 一份加入紫薯蓉及水搓揉成團。
6. 一份加入水份搓揉成團後加入班蘭精油搓揉均勻。
7. 像湯圓做法，包入椰糖，用滾水焓熟至浮面。
8. 拌勻椰絲即可。

水的份量請觀察粉團的黏手程度，拿上手結實地搓成團狀便可。

甜品

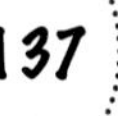

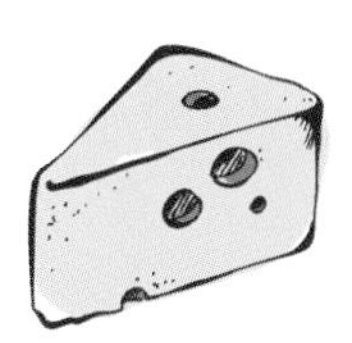

紅豆銅鑼燒 (純素)

小時候看見卡通小叮噹(多啦A夢)最愛吃豆沙包，我也想穿透電視機偷來吃。豆沙包又名銅鑼燒，起源於日本平安時代，相傳一位將軍以軍中的銅鑼贈送恩人，恩人拿了銅鑼作平底鍋，煎烤成簡單的點心回贈將軍，因為點心形似銅鑼，又以銅鑼烤成的，所以取名為銅鑼燒。

材料與份量

約8塊

自發粉..........................100 克
泡打粉......................1/2 茶匙
糖...................................25 克
植物奶類.................120 毫升
菜油.............................2 茶匙
龍舌蘭 / 楓糖漿............1 茶匙
醬油.............................1 茶匙
即用紅豆蓉.....................適量

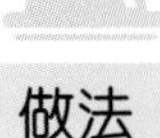

做法

1. 自發粉、泡打粉及糖拌勻備用。
2. 植物奶類、菜油、龍舌蘭 / 楓糖漿及醬油拌勻備用。
3. 濕材料倒入乾材料中拌勻成幼滑麵糊。
4. 靜置麵糊大約 20 分鐘。
5. 慢火烘熱平底鍋約 10 分鐘，然後用湯勺舀起麵糊，倒在平底鍋上烘煎。
6. 等邊緣變乾及麵糊中間冒氣泡時，可以翻轉另一面烘煎至熟。
7. 紅豆蓉夾在兩塊銅鑼燒中間即可。

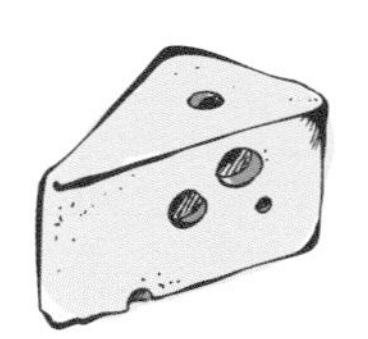

草莓大福 (純素)

一個微波爐就能做草莓大福，適合追求快捷方便又愛吃的懶人一族。大福是日式麻糬之一，相比其他日本和果子尺寸較大，用糯米製成，包着紅豆餡，外型渾圓趣緻。加入草莓的大福最受歡迎，當茶餘飯後的甜點，同時吸收草莓的豐富營養，一舉兩得。

材料與份量

約5個

糯米粉............................50 克
粘米粉............................63 克
糖............................ 30-35 克
紅豆蓉..........................250 克
草莓 ....5 粒
水............................ 100 毫升
糯米粉.............. 40 克 (手粉)

做法

1. 炒糯米粉做手粉備用。
2. 將草莓包入紅豆蓉。
3. 糯米粉、粘米粉及糖混合，加冷水拌勻成糊狀。
4. 用保鮮紙封好，放入微波爐用高火（強微波）煮 2 分鐘至糯米糊熟透，變成透明的團狀備用。
5. 待糯米粉團稍涼，用手壓扁，全塊均勻地沾上手粉。
6. 糯米粉團分割成 5 等份，每份約 50 克壓成餅狀。
7. 每份包入餡料，收口搓圓即可。

- 不要放雪櫃，即做即吃保持鬆軟質感。
- 微波爐的強弱按個別功能調整。

甜品

高纖燕麥曲奇 (純素)

無論晴天或雨天，細心的咖啡店在客人品嚐咖啡前，會在咖啡杯旁送上一塊曲奇，這份小心意點綴了享受咖啡的旅程，甜曲奇也成了最好的咖啡伴侶。怕曲奇太甜？自家手作的曲奇就可以控制糖份，再加入燕麥隨即成為高纖的健康小食。

材料與份量

約16塊

中筋麵粉 ....100 克

乾果燕麥片.....................80 克

初榨椰子油.....................85 克

植物奶類 ....2 湯匙

紅糖 ....40 克

鹽 ....1/4 茶匙

做法

1. 麵粉過篩，紅糖過篩。
2. 將全部材料拌勻成為麵團。
3. 麵團分成 16 塊，搓圓並壓成薄片。
4. 焗爐預熱 170 度。
5. 放入焗爐用 170 度烘焙約 15 分鐘即可。

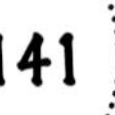

甜柿果醬撻 (純素)

甜柿子肉質軟綿綿，清甜可口，無論新鮮或製成乾的柿餅，表面都有一層天然的柿霜，這不是發霉啊！用甜柿與橙味果醬熬煮成甜柿餡醬，味道清新怡人，愉悅的香味好像處處碰見明媚的陽光。

材料與份量

3個

撻皮

中筋麵粉........................1/2 杯
龍舌蘭 / 楓糖漿............2 湯匙
初榨椰子油...................2 湯匙
鹽....................................少許

甜柿餡醬

甜柿..................................1 個
橙味果醬.................. 1 茶匙多
鹽..............................1/4 茶匙
糖................................1 茶匙
菜油................................少許
肉桂粉.............................少許

做法

1. 中筋麵粉篩好，加入鹽、初榨椰子油、糖漿拌勻搓合成麵團。
2. 撻模塗抹菜油方便脫模，撻皮平均地壓入撻模並壓實。
3. 夏天製作時，撻皮可放入雪櫃冷藏約 15 分鐘，冬天可免，焗爐預熱 180 度。
4. 取出撻皮，放入焗爐烘焙約 10 分鐘後取出。
5. 甜柿起果肉，中高火煮柿肉，見到冒氣泡，加入菜油、糖、鹽及橙味果醬拌煮，下肉桂粉，以大火煮至稠身備用。
6. 甜柿餡醬注入撻皮內，放入焗爐 180 度烘焙約 15 分鐘即可。

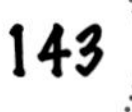

紫薯忌廉撻 (純素)

我們或許沒有洋果子店的專業手藝，卻有自家做的幸福滋味，人氣爆燈的沖繩伴手禮紫薯撻，紫心蕃薯夢幻的紫色，帶來視覺享受之餘，香脆的曲奇皮撻，雖然沒有雞蛋、牛奶和牛油，但用椰子油、杏仁奶及楓糖漿代替，輕易地令滿室彌漫烘焙的濃郁香氣。

材料與份量

3個

餡料

紫心蕃薯 ....250 克

植物奶類 .... 120 毫升

糖 ....2 湯匙

撻皮

中筋麵粉 ....1/2 杯

龍舌蘭 / 楓糖漿 ....2 湯匙

初榨椰子油...................2 湯匙

鹽 .... 1/8 茶匙

做法

餡料

1. 將紫心蕃薯蒸熟去皮做紫薯蓉。
2. 加入植物奶類及糖充分拌勻成忌廉，放入擠花袋備用。

撻皮

1. 中筋麵粉過篩，加入糖漿、初榨椰子油及鹽拌勻，搓成撻皮。
2. 撻模塗抹菜油方便脫模，撻皮壓入撻模，用叉刺孔。
3. 焗爐預熱 180 度。
4. 撻皮放入焗爐烘焙約 10-15 分鐘至金黃後取出，盡快脫模。
5. 擠入紫薯泥即可。

建議用攪拌機加奶打紫薯蓉做忌廉更快捷。

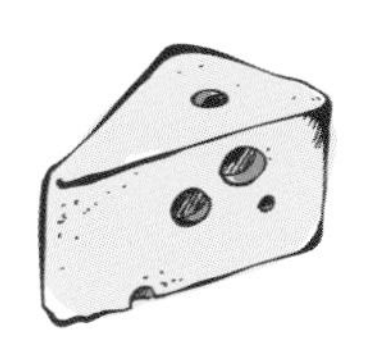

牛油果栗子忌廉鮮果撻 (純素)

浪漫的節日與紀念日，很想很想有情人的擁抱，或者與知己好友舉杯，觥籌交錯，配備浪漫悠揚的爵士樂，美食、香檳和甜品。醉人的畫面有了，我再來為你們送暖，華麗既精緻的甜品——牛油果栗子忌廉鮮果撻，放棄鮮忌廉，用牛油果代替，混合栗子蓉的甘甜後，細膩輕盈，在家也可做出星級餅店的巧手西餅。

材料與份量

4個

牛油果栗子忌廉

牛油果……半個
植物奶類……60 毫升
罐頭栗子蓉……110 克
糖……4-6 茶匙
冧酒……1/4 茶匙

撻皮

中筋麵粉……1/2 量杯
初榨椰子油……3 湯匙
龍舌蘭 / 楓糖漿……2 湯匙
鹽……1/8 茶匙

其他

藍莓或鮮果……適量
榛子朱古力醬……適量

做法

牛油果栗子忌廉

1. 牛油果去核，切細，放入攪拌機，加入植物奶類，攪拌成忌廉狀。
2. 栗子蓉放入大碗內，開動打蛋器先打至幼滑，加入牛油果忌廉、糖及冧酒完全打勻。
3. 放入擠花袋備用。

撻皮

1. 中筋麵粉篩好，加入鹽、初榨椰子油、龍舌蘭 / 楓糖漿拌勻搓合成麵團。
2. 撻模塗抹菜油方便脱模，撻皮平均地壓入撻模並壓實。
3. 夏天製作時，撻皮可放入雪櫃冷藏約 15 分鐘，冬天可免，焗爐預熱 180 度。
4. 取出撻皮，放入焗爐烘焙約 15 分鐘後取出。

組合

1. 撻內塗抹榛子朱古力醬。
2. 擠入牛油果栗子忌廉，放上藍莓或其他鮮果即可。

甜品

冰糖燉紅棗桃膠雪蓮子 (純素)

平民版的養顏恩物——桃膠及雪蓮子，我會形容這潤燥孖寶是「素版蔘茸海味」，以豐富的植物蛋白來代替花膠及燕窩，功效不遑多讓，女士們必為之著迷。

桃膠（桃脂）是桃樹的天然分泌物，結在樹上變成琥珀色的晶體，雪蓮子是皂角的種子，兩者是乾貨，需要浸發後用，其後變得黏軟，由於本身無味，放湯或煮糖水也可以，口感煙韌，頗有果凍的感覺。

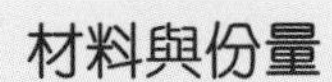

材料與份量

2人

桃膠（乾）......................60 克
雪蓮子（乾）.................50 克
紅棗 ....4 粒
圓肉 ....20 克
杞子 ....10 克
鮮馬蹄.............................10 粒
冰糖 ....1 大塊
水份 ....約 600 毫升

做法

1. 桃膠及雪蓮子用冷水浸發過夜備用。
2. 浸發後的桃膠倒入筲箕中用清水洗並輕輕攪拌，去除污點。
3. 所有材料放進燉盅或玻璃碗中。
4. 慢火燉煮 1.5 小時即可。

材料照片

已浸發的桃膠

已浸發的雪蓮子

櫻花寒天凍 (純素)

就算季節隨時日變遷，我心裡總喜歡初春時繁花開遍的日子，特別是脫俗的櫻花，追花之人追貼花期，追上飛機，追到日本或韓國賞櫻，當地更常以櫻花為題推出櫻料理、櫻果子等。這個簡單的、清甜的寒天凍內藏粉紅色的小櫻花，約隱約現之美，優雅出塵。

材料與份量

9個

鹽漬櫻花..........................9 朵

水............................250 毫升

寒天粉.............................3 克

糖................................1 湯匙

做法

1. 將鹽漬櫻花用水浸洗。
2. 煲滾水後，加入寒天粉快速攪拌，再加入糖攪拌。
3. 先倒 1/3 糖水入器皿，放入櫻花，然後放入雪櫃雪凍至凝固。
4. 再倒入其餘的 2/3 糖水，再放入雪櫃冷藏至凝固即可。

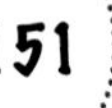

土鳳梨酥 (純素)

獨特風味的純素鳳梨酥，甜而不膩，外皮酥鬆，非常誘人。最便捷省時的做法是用鳳梨果醬做餡，我沒有刻意用新鮮的鳳梨煮成餡料，但懶惰人的方法也能做美味別緻的伴手禮啊！

材料與份量

4個

用具：鳳梨酥模 4.5x 4.5 厘米

外皮

中筋麵粉 .... 100 克

菜油 ....50 毫升

燕麥奶 / 豆奶..................20 毫升

糖 .... 25 克

餡料

鳳梨果醬 ....約 100 克

糯米粉......................約 20-30 克

糖 ....1 湯匙

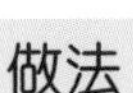

做法

1. 熱鍋慢火，加入餡醬材料煮至濃稠後待涼備用。
2. 焗爐先預熱 180 度。
3. 外皮材料全部拌勻，搓揉成麵團，不要過份搓揉避免起筋。
4. 麵團分成 4 份，搓成小圓球。
5. 每份包入鳳梨醬收口，塞進鳳梨酥模稍為壓平。
6. 在焗盤鋪上錫紙，放上鳳梨酥，放進焗爐以 180 度烘焙 15-20 分鐘，過程中翻轉一次，令兩邊受熱顏色均勻。
7. 待涼後脫模即可。

- 餡料濃稠度按個人喜好調整
- 享用時建議待涼 1 小時，待外皮回油後口感更好。

麻糬波波（純素）

坊間很多食譜，麻糬波波也用雞蛋製作，如果不吃雞蛋，豈不是不能享受？我的麻糬波波沒有加雞蛋，也是外脆內軟有嚼勁。喜歡各式各樣口味的，可以加朱古力粉、綠茶粉、芝士粉和香草等，一小球一小球，非常可愛。

材料與份量

做法

約5個

糯米粉............................55 克

木薯粉..............................5 克

糖............................約 3 茶匙

鹽.............................. 1/8 茶匙

菜油 .... 1.5 湯匙

植物奶類 ....30 毫升

1. 糯米粉、木薯粉拌勻後過篩，加入糖及鹽備用。
2. 加入菜油、植物奶類拌勻後搓成麵糰。
3. 焗爐預熱 180 度，烘焙紙放在焗盤上。
4. 將麵糰搓圓，放在焗盤上。
5. 用掃塗抹水份在麻糬波波的表面，以 180 度烘烤 15 分鐘即可。

木薯粉（Tapioca Flour ）亦稱為泰國生粉。

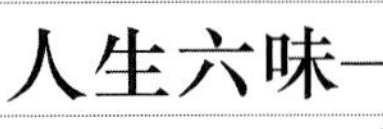

酸

別讓妒忌與難過令自己心酸，我們無法求一個誰來愛自己，但至少妳可以學會愛自己，令自己變得更好，這不需要理由。

後記

不知道你們認同與否？懂得下廚的暖男暖女有一種魅力，廚藝對我來說是一門藝術或哲學，或者我說得顯淺一些，懂得整齊企理做一兩個菜式，其實已相當不錯，下廚是懂得自理的一種修煉，無論一個人自我照顧自己的料理，或是兩三位親朋的飯菜，自家飯不必太複雜，食譜指導或調味只是參考而已，由無技巧入門到簡單基礎，再到精進班，不怕麻煩多嘗試，慢慢會熟能生巧。記得不忘讚賞和鼓勵自己，希望這本書的輕食譜也能帶給你一種下廚的樂趣。

自煮・簡蔬食

作者	尹嘉蔚
總編輯	Ivan Cheung
責任編輯	Penni Ma
文稿校對	Candy Cheung
封面設計	Eva
內文設計	Wan
化妝	Kinki Chow@Beatific by k
人像攝影	Faidias Hu
攝影	Kris Wan 尹嘉蔚
文字	Kris Wan 尹嘉蔚
食譜創作	Kris Wan 尹嘉蔚
出版	研出版 In Publications Limited
市務推廣	Samantha Leung
查詢	info@in-pubs.com
傳真	3568 6020
地址	九龍油麻地彌敦道 460 號美景大廈 3 樓 B 室
香港發行	春華發行代理有限公司
地址	香港九龍觀塘海濱道 171 號申新證券大廈 8 樓
電話	2775 0388
傳真	2690 3898
電郵	admin@springsino.com.hk
台灣發行	永盈出版行銷有限公司
地址	新北市新店區中正路 505 號 2 樓
電話	886-2-2218-0701
傳真	886-2-2218-0704
出版日期	2017 年 08 月 30 日
ISBN	978-988-78267-3-6
售價	港幣 $98／ 新台幣 $430